LES EAUX

ET

LES BOUES DE DAX

(Landes)

ÉTUDE PHYSIOLOGIQUE ET THÉRAPEUTIQUE

PAR

Le Dr L.-E. ROCHET

PRÉFACE PAR ANDRÉ THEURIET

Intrate algentes post balnea torrida fluctus,
Ut solidet calidam frigore lympha cutem.
SIDOINE APOLLINAIRE.

Après l'étuve un bain glacé. Par sa fraîcheur,
Le bain tonifiera tes muscles en sueur.

PARIS

LIBRAIRIE J.-B. BAILLIÈRE ET FILS

RUE HAUTEFEUILLE, 19, PRÈS LE BOULEVARD SAINT-GERMAIN

—

1885

LES EAUX

ET

LES BOUES DE DAX

(Landes)

LES EAUX

ET

LES BOUES DE DAX

(Landes)

ÉTUDE PHYSIOLOGIQUE ET THÉRAPEUTIQUE

PAR

Le Dʳ L.-E. ROCHET

PRÉFACE PAR ANDRÉ THEURIET

Intrate algentes post balnea torrida fluctus,
Ut solidet calidam frigore lympha cutem.
SIDOINE APOLLINAIRE.

Après l'étuve un bain glacé. Par sa fraîcheur,
Le bain tonifiera tes muscles en sueur.

PARIS

LIBRAIRIE J.-B. BAILLIÈRE ET FILS

RUE HAUTEFEUILLE, 19, PRÈS LE BOULEVARD SAINT-GERMAIN

—

1885

PRÉFACE

Il y a des villes d'eaux, comme Aix et Luchon, qui sont en même temps des villes de plaisir. La mode les a adoptées, les oisifs y affluent et y prennent la plus belle place au soleil ; les aspects désagréables de la maladie et du traitement sont masqués et comme enjolivés par mille raffinements mondains et d'habiles imitations de la vie parisienne. Par moments, on peut s'y croire encore sur le boulevard ou au Bois. Les vrais malades s'y font petits, ils semblent honteux de leurs infirmités, et ne se montrent guère qu'aux heures matinales où les gens de plaisir sommeillent encore. — Il y a au contraire des stations thermales où l'on ne vient que pour essayer de se guérir et où le traitement absorbe la plus grande partie de la journée ; Dax est au nombre de ces dernières. La nappe d'eau chaude qui court sous le sol, en jaillit à la température de 60 degrés, et les boues de l'Adour sont renommées pour leurs vertus curatives ; aussi la ville est-elle visitée surtout par des rhumatisants et des goutteux, dont l'état est quasi-désespéré.

1

Lorsqu'on débarque à l'établissement des Baignots, la première impression est navrante. On
se croirait presque dans une Cour des miracles ; sur les bancs qui règnent le long de la façade, des gens de tout âge et de toute condition,
perclus, noués, courbés en deux, chauffent leurs
douleurs au soleil ; dans les grands couloirs nus
et les galeries intérieures on se heurte à des bé-
quillards ou à de malheureux ankylosés qu'on em-
porte à bras, à l'étuve ou à la douche. La longue
salle à manger, semblable à un réfectoire de couvent, est peuplée de dîneurs éclopés, qui mangent
avidement, même les dyspeptiques, et n'ont d'autre conversation que l'étude comparative de leurs
misères et des progrès de leur traitement respec-
tif. « Moi, j'en suis à ma troisième *boue*, et je ne
sens encore aucun soulagement. — Patience, je
suis ici depuis vingt jours, moi, et je commence
seulement à marcher. — Vous êtes bien heureux
de n'être pris que par les jambes ; regardez cette
jeune fille blonde, là-bas ; elle a les bras ankylosés et on est obligé de lui donner à manger comme à un enfant. » — Et pendant ce temps, la
jeune fille blonde contemple avec commisération
son voisin atteint d'ataxie locomotrice, et se dit
tout bas : « Moi, au moins, je puis marcher, je
suis jeune, et le docteur dit qu'il y a de l'espoir. »
Néanmoins, quand ce premier mouvement de
surprise pénible est passé, quand on s'est accou-

tumé à cet affligeant spectacle et qu'on a le loisir d'examiner les entours de l'établissement, on revient peu à peu de ses préventions. Les Baignots sont situés hors de la ville, à la base d'une colline boisée qui les encadre dans sa verdure, et sur les bords de l'Adour, qui roule ses eaux rapides entre deux berges gazonneuses où paissent des vaches et des troupeaux d'oies. De l'autre côté du fleuve, s'étend la plaine du Marensin, semée de bouquets d'arbres, et bordée tout au loin par la ceinture sombre des forêts de pins qui se prolongent jusqu'à l'Océan. C'est à peine si l'on aperçoit les premières maisons de la ville, à travers les arches cintrées d'un grand pont qui relie Dax au chemin de fer de Bayonne. L'endroit est agreste et ombreux. De temps en temps, une barque descend le courant, les clochettes des vaches tintent doucement, et trois pêcheurs à la ligne, installés dès l'aube au pied de la berge, ajoutent encore à l'impression d'intimité et de quiétude rustique de ce coin de terre. On comprend que sous l'influence de cet air tiède, de ce ciel d'un bleu soyeux, de ces eaux chaudes et de cette verdure, où les pins mêlent leur odeur balsamique, les douleurs les plus violentes finissent par s'assoupir. On oublie le trou noir et étouffant de l'étuve, le supplice de la douche alternativement glacée et bouillante, et l'horreur des bains de boue obscurs et limoneux, d'où montent des vapeurs sulfureuses qui les font

ressembler à un coin des cercles infernaux décrits
par Dante ; on ne songe plus qu'à retrouver sous
ce ciel clément et dans cet air tiède l'élasticité de
ses muscles et le libre jeu de ses articulations. Et
de fait, on voit des cures miraculeuses ; des gens
qui étaient arrivés pliés en deux, s'y redressent
au bout de vingt jours ; les arthritiques qui ne
pouvaient remuer ni leurs pieds, ni leurs doigts
noués, se mettent un beau soir à jouer du piano et
à danser dans le salon nu et sévère de l'établissement. Cela fait penser aux vers de Henri Heine,
dans le *Pèlerinage à Kevlaar* :

> Tel vint à Kevlaar avec des béquilles,
> Qui danse aujourd'hui dans les carrefours.

Ces miracles sont dus en partie aux vertus sa-
lutaires des eaux thermales, et pour une bonne
part aussi à l'activité et à l'énergie du docteur qui
dirige l'établissement. — Petit, brun, vif, le front
développé, l'œil luisant et perspicace, le docteur est
d'origine Langroise, et il a apporté dans les Landes cette volonté tenace, cette foi et cette ardeur
qui sont les qualités distinctives de son pays d'o-
rigine. Il s'entend à merveille à manier ce peuple
nerveux et gémissant des malades. Il faut le voir
surtout aux prises avec sa clientèle féminine, qui
est bien la plus capricieuse et la plus intraitable
des clientèles : « Docteur j'ai l'intention de me
soigner, mais je ne veux ni de vos étuves où je
mourrais, ni de vos horreurs de bains de boue.—

Ah ! très bien ».— Le docteur écoute ces lamenta-
tions avec sang-froid puis se retournant vers la
doucheuse : « Demain matin, à six heures, Ma-
dame prendra sa première étuve, et après demain, son premier bain de boue.» La malade stu-
péfaite n'ose plus répliquer, et se laisse le lendemain conduire au trou noir de l'étuve. — Levé
dès l'aube, le docteur court comme un lézard à
travers les couloirs, les cours et les galeries des bains, jetant ici une prescription, là un en-
couragement, à la fois dévoué, persuasif et ironi-
que, aimable et impérieux, communiquant à ses
malades la conviction et la confiance, et donnant
aux plus désespérés cette suprême consolation
qui restait au fond de la boîte de Pandore, — l'espérance !

*
* *

Ce matin, jour de marché, je suis allé visiter
Dax. La ville, enserrée du côté de l'Adour par
d'anciens remparts, plantés de beaux platanes,
est gaie, blanche et bien ouverte. Au-dessus de la
porte de chaque maison pend une poignée d'épis
de blé de la dernière moisson, ornée d'une petite
croix faite en moelle de jonc. La population des
environs emplit les rues et les places. Des mules
décorées de grelots trottent sur le pavé avec des
tintements sonores ; des bœufs blancs, capara-
çonnés de toile, dont les franges retombent sur

leurs naseaux humides, traînent lentement de
lourdes charrettes, tandis qu'un gars coiffé du
béret bleu les guide en les touchant légèrement
avec un court aiguillon de frêne. Des femmes pas-
sent, le poing sur la hanche, le buste en avant,
portant en équilibre sur le sommet de la tête
des cruches de terre grise d'une forme élégante,
dont le modèle n'a pas dû varier depuis le temps
des Maures. Elles ont la taille svelte, les cheveux
épais et longs; les yeux largement fendus, à la
fois hardis et purs; les dents d'une blancheur
éblouissante. Les garçons, petits, alertes et bien dé-
couplés, ont la chevelure d'un noir luisant, les yeux
vifs et ardents, avec une lueur de ruse dans le regard; le nez aquilin, tombant très bas sur la bouche aux lèvres minces et ironiques. Les filles sont
charmantes, tout le temps que leur jeunesse est
en fleur; mais après deux ou trois couches, elles
vieillissent rapidement, leur peau se parchemine
et se tanne; il ne leur reste de la beauté passée
que deux grands yeux noirs, flambant comme deux
braises sous l'arcade sourcilière profonde d'un vi-
sage amaigri et hâlé. — Au détour d'une rue, on
aperçoit de loin un large parallélogramme tout fu-
mant; c'est la *fontaine chaude* ou fontaine de
Néhé, qui jaillit dans un large bassin entouré de
grilles. L'eau thermale s'échappe à gros bouillons
de robinets placés au dehors et où les ménagères
viennent emplir leurs cruches ou laver leur linge,

Quand le temps est beau, la vapeur qui se dégage
du bassin est légère et transparente ; mais s'il
doit pleuvoir, elle forme d'abondantes buées opa-
ques, qui font ressembler le réservoir à une vaste
chaudière bouillante. L'eau sort de terre à 60 ou
65 degrés. Les indigènes sont très fiers de leur
fontaine chaude, et ils n'entendent pas raillerie sur
ses vertus caloriques. Dernièrement, un touriste,
tenant intrépidement sa main sous le jet d'un ro-
binet, déclarait dédaigneusement que l'eau était à
peine tiède... Il a failli se faire écharper par les
lavandières du voisinage.

*_**

J'ai traversé l'Adour en bac et je suis allé dans
une chênaie voisine visiter une des merveilles du
pays : *le chêne de Quillacq*, plus connu sous le
nom de *l'arbre des Sorcières*. Pendant la nuit de
la Saint-Jean, les femmes y vont faire une sorte
de pèlerinage et y déposer de petites croix de bran-
ches mortes, nouées avec un brin d'herbe. L'arbre est reconnaissable de loin, grâce à ses dimen-
sions géantes. Il a une attitude vraiment tragique.
Son tronc bas et noueux a près de huit mètres
de circonférence ; ses grands bras puissants, dont
quelques-uns sont déjà décharnés, s'élancent et se
tordent désespérément dans toutes les directions.
La cime seule verdoie encore, et il a l'air d'un Ti-
tan foudroyé. Les gens du pays, dont l'imagina-

tion est aussi vive que féconde, prétendent que ce
chêne a au moins douze cents ans. Dans les an-
fractuosités de l'énorme tronc, les eaux pluviales
ont creusé deux réservoirs ; on affirme qu'ils ne
tarissent pas et qu'ils sont alimentés par des sources filtrant mystérieusement à travers les fibres
du cœur de l'arbre. A l'appui de leur dire, les
amis du merveilleux ajoutent que, même par les
temps de sécheresse, l'eau ne manque jamais.
Quoi qu'il en soit, j'ai constaté la présence des
deux réservoirs ; seulement l'eau qui les remplit
est passablement trouble et ne semble pas se re-
nouveler fréquemment. — Tandis que j'examinais
l'*arbre des Sorcières*, une paysanne s'est appro-
chée, a trempé sa main dans l'une des flaques,
puis après un signe de croix, s'est lavé pieuse-
ment le front et les tempes. — Il y a évidemment
dans ce culte superstitieux de l'eau et du chêne, la
trace d'une vieille tradition celtique qui s'est per-
pétuée à travers les siècles, et cela prouverait en faveur de l'âge fabuleux attribué à l'arbre de Quillacq.

Tout en songeant à la persistance de ces res-
tes de l'antique religion druidique, je longeais les
berges sinueuses du ruisseau de Boudigau, dont
l'eau saumâtre est fleurie de nénuphars et de sa-
gittaires ; je suis arrivé à l'endroit où le ruisseau
se jette dans l'Adour, et je me suis trouvé en face
d'une propriété abandonnée. — La maison aux
volets clos semblait dormir d'un sommeil de cent

ans, au milieu des grands arbres qui la mas-
quaient à demi de leurs ramures enchevêtrées et
touffues. Des tulipiers et des magnolias énormes
étalaient majestueusement leurs verdures luisan-
tes. Dans les grandes herbes qui poussaient au
milieu des allées, dans les phlox lilas, dans les
tonnelles de jasmins effondrées, il y avait un sourd
et incessant bruissement d'insectes qui berçait la
somnolence de l'habitation. J'ai pénétré dans l'enclos par une brèche de la haie et j'ai vu s'ouvrir
tout à coup devant moi une longue et étroite allée de platanes, fuyant à perte de vue. Les platanes aux troncs verdâtres et lisses s'élevaient
hauts comme des piliers de cathédrale et se rejoi-
gnaient de manière à former une admirable nef
verdoyante. Une mousse fine revêtait le sol et as-
sourdissait le bruit des pas. On marchait là-des-
sous comme dans une église et on y était enve-
loppé d'un religieux silence. Quelle magnifique
chose que de beaux arbres ! Sous cette voûte feuil-
lue et assoupie, on eût dit qu'on allait voir au
loin se lever tout à coup l'ombre des hôtes disparus de la maison abandonnée, et on se sentait en-
vahi d'un sentiment mélancolique à l'aspect de ces
robustes et superbes platanes qui avaient assisté
aux émotions joyeuses ou tristes des habitants
de la maison aux volets clos, et qui continuaient
de verdoyer et de grandir, maintenant que ces joies
et ces tristesses étaient évanouies à jamais...

Les Baignots aussi ont vu passer bien des misères humaines. Des générations d'êtres souffrants y sont venues d'Espagne et de France, chercher un allégement de leurs maux, un prolongement de leurs jours. Que de douleurs se sont succédé dans ces murailles blanches, que de larmes y ont été versées, que d'espérances y ont germé ! Puis des années se sont écoulées, tandis que l'Adour continuait de rouler ses eaux vertes et rapides, et les gens malades comme les gens guéris sont allés rejoindre les hôtes disparus de la maison aux volets clos. Un peu plus tôt, un peu plus tard, il faut toujours finir par franchir le seuil de cette suprême hôtellerie du cimetière. L'important, après tout, n'est pas d'avoir de longs jours, mais des jours bien remplis, des jours pleins d'agitations bienfaisantes et fécondes. Et, à ce compte, le docteur Raillard, si alerte et si dévoué, aidé de son excellent confrère et ami le docteur Lavielle, pourra se vanter d'avoir bien empli ses journées, lui qui a vu arriver dans son cabinet tant de malades geignants et découragés, et qui les a renvoyés en leur donnant cette bonne petite lampe de l'espérance, dont la lumière rassurante est encore ce qu'on a trouvé de mieux pour cheminer doucement dans l'âpre sentier de la vie.

ANDRÉ THEURIET.

LES EAUX

ET

LES BOUES DE DAX

(Landes)

ÉTUDE PHYSIOLOGIQUE ET THÉRAPEUTIQUE

Par M. le Dr L.-E. Rochet.

———

L'importance du traitement thermal, dit quelque part le célèbre praticien Dujardin-Beaumetz, est devenue à notre époque de plus en plus prépondérante, et cela résulte de bien des circonstances : d'abord de la facilité des communications qui ont rendu les voyages si commodes et si rapides ; puis du besoin de déplacement qui fait que nos grandes villes se dépeuplent durant quelques mois de l'année ; enfin, de la connaissance plus raisonnée, plus médicale, plus scientifique des immenses avantages de la médication thermale.

Oui, l'hydrothérapie est appliquée aujourd'hui avec succès à nombre de maladies qui étaient réputées jusque-là incurables ; oui, le médecin est heureux, quand il a eu longtemps à traiter avec les ressources ordinaires de la thérapeutique un malade rebelle à toute médication, il est heureux, dis-je, de pouvoir lui conseiller un séjour dans une station balnéaire où il pourra, à coup sûr, trouver sinon une guérison, du moins un grand soulagement.

Mais il arrive souvent, dit encore le savant cité plus haut, que le médecin se trouve dans un sérieux embarras pour préciser d'une façon certaine la station qui, dans un cas donné, pourra fournir le *sum-mum* d'effets utiles, et cet embarras résulte surtout de ce que l'on a étendu à un nombre trop considérable de maladies l'action favorable de chacune des stations, si bien que, pour remplir une indication thérapeutique précise, le choix est devenu difficile.

C'est pour parer à l'une de ces difficultés, c'est pour éclairer, s'il se peut, la science de nos confrères, c'est, pour mieux dire, afin de fixer leur attention sur la richesse extraordinaire des eaux de Dax que nous livrons ces quelques lignes à la publicité; c'est aussi, il faut bien l'avouer, pour payer un tribut de reconnaissance à une station qui nous a rendu rapidement la santé et les forces à la suite d'une maladie longue et désespérée.

Voici dans quel ordre nous nous proposons de diviser notre sujet: *Dax* ; *son climat* ; *ses eaux* ; *ses boues* ; *affections qui sont traitées dans cette station.*

DAX.

On ne possède aucun document sur l'origine précise de Dax. Cependant, dans des fouilles pratiquées sur l'allée des *Baignots*, on a trouvé dans les boues thermales divers instruments en silex, des poinçons en os travaillés, et une hache en quartzite taillée, des flèches barbelées, etc., etc.

Tous ces débris attestent que dans les temps préhistoriques, Dax était déjà le centre d'une population nombreuse et agglomérée.

Le sol actuel de la ville ne serait, d'après les hommes compétents en la matière, qu'une immense *terramare* comparable à celles qu'on trouve en Italie, une sorte de *cité lacustre* contemporaine de l'âge de pierre et dont il est impossible de préciser l'ancienneté.

A l'époque de la conquête de la Gaule par les Romains, Dax était occupé par la tribu des Tarbelles (*Tarbelli*) (1) dont la capitale, construite autour des sources chaudes, portait le nom d'*Aquæ Tarbellicæ* et prit plus tard celui d'*Aquæ Augustæ*.

Les Romains, comme dans toutes les villes ther males qu'ils trouvaient sur leur passage, bâtirent à Dax des bains somptueux dans le voisinage de la fameuse fontaine chaude et près des Baignots. On vient, dans ce dernier endroit, de découvrir des conduites d'eau en briques datant de cette époque et indiquant qu'en ces lieux devait s'élever un de leurs thermes.

En outre, les eaux d'*Aquæ Tarbellicæ et Aquæ Augustæ* sont mentionnées dans Strabon, dans Pline, etc. (2).

(1) BULLET, dans son dictionnaire celtique, fait dériver ce nom de deux mots: l'un, *Tar*, signifie exhalaison, et l'autre, *Bayl*, chaude. Dax était donc déjà pour les Celtes la ville aux *vapeurs chaudes*.

(2) Les eaux Tarbelliennes, *Aquæ Tarbellicæ* furent, raconte la légende, honorées de la visite d'Auguste César et de

Dans les siècles qui suivirent, Dax, qui, comme nous l'avons dit plus haut, était une ville importante, puisqu'elle devint la première des cités de la Novempopulanie, fut tour à tour ravagé par les Vandales, les Wisigoths, les Maures, etc., et ne commença à réparer ses désastres que sous la domination anglaise; enfin, il fut réuni à la couronne au XVᵉ siècle, et alors son histoire se confond avec l'histoire générale du pays.

Il faut atteindre le XVIIIᵉ siècle pour retrouver les premières observations ou plutôt les premiers travaux faits sur les eaux de Dax, ou, comme on disait alors, d'Acqs. Ces observations sont dues à *Dufau*, docteur en médecine, membre de l'Académie de Bordeaux, conseiller médecin ordinaire du roi. Nous reviendrons en temps et lieu sur ces observations.

CLIMAT.

Situé au centre d'un triangle formé par Arcachon, Biarritz et Pau, à la limite de la forêt de pins maritimes qui, sur une profondeur moyenne de 30 kilomètres, couvre et protège le littoral ; indépendamment de cela, bâti sur une vaste nappe d'eau chaude qui n'est qu'à quelques mètres de profondeur, Dax participe, sous le rapport du climat, aux avantages des stations qui l'entourent, tout en conservant sa physionomie propre. Celle-ci se caractérise par une

sa fille *Julia*, et la ville prit, à cette occasion, le titre et le nom d'*Aquæ Augustæ*. — (STRABON.)

altitude de quelques mètres à peine (18 mètres au-dessus du niveau de la mer), une température très égale, élevée, à l'abri des grands froids et des cha= leurs excessives ; la rareté des neiges, des pluies et surtout des vents.

Des observations météorologiques comprenant 13 années, faites par le bureau météorologique de l'école normale de Dax, par M. *Coudanne*, pharma- cien, et par M. le docteur *Raillard*, ont donné, comme moyenne des 13 années les chiffres suivants (1):

Hygromètre 83°56. Baromètre 760^{mm}80. Thermo- mètre 14°33.

En outre, au siècle dernier, par conséquent à une époque où l'on ne pouvait songer à accommoder l'in- terprétation des chiffres aux besoins de la cause, un enfant de Dax, le physicien *de Borda*, établit un ob- servatoire, qui existe encore, où il étudia les con- ditions climatériques de la station.

Dans un mémoire inséré dans le bulletin de la Société d'hydrologie médicale de Paris, M. le docteur *Raillard* a publié une partie des observations météo- rologiques de ce savant, observations qu'il a retrou- vées dans les mémoires de la Société de médecine.

Il résulte des travaux *de Borda* et de ceux faits aujourd'hui, que les moyennes thermométriques sai- sonnières, à part quelques différences légères moti- vées par les lieux d'expériences, concordent parfaite- ment entre elles.

Cette moyenne hygrométrique annuelle est donc

(1) *Annales de la Société d'Hydrologie médicale de Paris,* tome XX.

très élevée, et c'est en grande partie à cet état hygrométrique permanent que Dax doit les vertus de son
climat. Cet état qui s'explique par la présence des
vents équatoriaux et aussi par l'immense dégage
ment de vapeurs que donnent les sources hyperthermales, contribuent à produire les effets de sédation
si marqués qu'éprouvent non seulement les malades
mais encore tous les étrangers vivant à Dax ; en
outre, ces vapeurs chaudes s'accompagnent d'un dé-
gagement considérable de gaz composé de 98 % d'a-
zote, ce qui, en somme, constitue pour les phthisiques
un vrai médicament d'épargne.

Quoique des observations suivies n'aient pas été
prises, on est autorisé à croire que la moyenne ozo-
nométrique est assez élevée, et cette quantité d'ozo-
ne atmosphérique s'explique par le peu d'éloignement
de la mer et surtout par les émanations résineuses
des vastes forêts de pins qui entourent là station.
Nous n'insisterons pas sur l'heureuse influence que
ces émanations térébenthinées peuvent avoir sur la
marche de certaines affections broncho-pulmo-
naires.

Ce qui caractérise surtout le climat de Dax, c'est
l'uniformité, l'égalité de sa température et l'absence
de brusques variations atmosphériques.

D'après un tableau comparatif des moyennes thermiques de quelques stations hivernales, inséré dans
la *Climatologie des Stations hivernales*, par *de Val-
court*, nous trouvons que Dax, bien que située plus
au Nord que Pau, a, l'hiver, une température supé
rieure de trois degrés à celle de cette dernière ville

et inférieure d'un degré à celle de Cannes. Dax et Nice sont sur la même ligne.

Mais cette différence thermique entre Pau et Dax est surtout accusée pour le printemps.

A quoi est-elle due ? D'abord à l'éloignement des Pyrénées couvertes de neige pendant tout l'hiver, et à la situation topographique exceptionnelle de Dax dont le sol est chauffé par la vaste nappe d'eau chaude qui vient sourdre à sa surface par une multitude de griffons.

En outre, il n'existe pas ici de différence bien tranchée entre la température au soleil et à l'ombre. Quant à la *journée médicale*, c'est-à-dire pendant les heures de la journée durant lesquelles les malades peuvent faire leur promenade, *sa température est très rarement au-dessous de* + 13°.

De ces quelques considérations et surtout de l'étude de ces conditions climatologiques, il ressort clairement que Dax doit être considéré comme une des meilleures stations hivernales du sud-ouest, et qu'elle doit prendre rang parmi celles qui sont aujourd'hui les plus fréquentées. Les malades qui viendront y passer leur hiver, y trouveront réunies d'excellentes conditions hygiéniques qui leur permettront d'attendre avec bénéfice le retour de la belle saison.

Si, par le fait de son égalité et de son uniformité thermiques, le climat de Dax convient à une classe très nombreuse de phthisiques, il doit à sa chaleur humide d'influer très efficacement sur une maladie qui tend de jour en jour à devenir plus commune : nous voulons nommer *la goutte.*

Dans les additions si judicieuses que M. le docteur Ed. Carrière a faites au « *Guide pratique des goutteux et rhumatisants* », par le docteur Réveillé-Parise (1), additions dans lesquelles il étudie d'une façon toute particulière les différents climats propres aux goutteux, nous lisons le passage suivant :

« Au-dessous de 17 degrés (comme moyenne ther-
« mométrique annuelle) il y a des stations propres
« aux goutteux où la disposition du sol favorise as-
« sez la température pour entretenir la peau dans un
« état de vitalité qui en excite et en maintient la fonc-
« tion. Tous ces climats sont situés non loin de la
« Méditerranée ou sur ses bords. Les climats chauds
« et humides appartiennent principalement à la zone
« méridionale de la Méditerranée ; ils font moins par-
« tie du littoral européen que de celui de l'Afrique. En
« tête des stations appartenant à ce climat se place
« Alger, puis Palma (de Majorque), Palerme, Pau et
« **Dax**, dans la zone méridionale de la France, bien
« que d'une température moyenne inférieure à celle
« d'Alger. »

Les goutteux trouveront dans cette station une double chance d'amélioration de leur état : d'une part, les ressources thermales, les étuves, les eaux et les boues, pour combattre les manifestations articulaires ou viscérales ; de l'autre un climat exceptionnellement favorable qui, en maintenant leur peau dans un état de fonctionnement régulier, modifiera très heureusement la diathèse.

(1) In « *Gazette des hôpitaux civils et militaires* » — Année 1878, n° 14, page 106.

Dans son article « DAX » *Du nouveau Dictionnaire de médecine et de chirurgie pratiques*, M. L. DESNOS termine ainsi :

« *La douceur de l'atmosphère dans cette contrée de*
« *la France contribue encore à l'appropriation de la*
« *cure de Dax au traitement d'une affection* (le rhu-
« matisme) *dans laquelle les influences climatériques*
« *jouent un rôle si capital, tant au point de vue étio-*
« *logique que sous le rapport des exigences thérapeu-*
« *tiques.* »

En résumé, le climat de Dax est caractérisé par *une température hivernale élevée* (8°33) *égale et uniforme, un air chaud et humide*, la prédominance des vents d'ouest et du sud-ouest, et il réunit les conditions les plus favorables pour l'hibernation *des tuberculeux-éréthiques*. Il est également profitable aux malades atteints d'affections chroniques de la gorge et des voies respiratoires, dont les variations atmosphériques, l'impression du froid ou d'un air trop excitant, exagèrent les manifestations, ou provoquent les complications.

Un des motifs qui devra aussi déterminer nombre de personnes à profiter des bienfaits sans nombre du climat de Dax, c'est que la vie y est peu coûteuse et qu'on trouve un confortable qui peut répondre à toutes les exigences. De riantes promenades, des vues délicieuses et des délassements de toute sorte, contribuent à faire de ce pays une des plus utiles et des plus agréables stations balnéaires de France.

LES EAUX DE DAX

Les sources thermo-minérales qui ont donné leur nom à la station sont très nombreuses et aussi remarquables par l'élévation de leur température que par leur débit. Le débit de la Fontaine chaude seule est de 2,500 mètres cubes environ par jour. Cette fontaine excessivement remarquable est une des merveilles de Dax, pour ne pas dire de la France. C'est une des plus belles sources que l'on connaisse; elle est située dans l'intérieur de la ville (1).

En 1804, dit l'auteur de *Dax-Concours régional*, on l'entoura d'une construction dont la façade principale offre un portique de l'ordre toscan. Ce portique est constitué par trois arcades séparées par des colonnes engagées, reposant sur des piédestaux, entre lesquels sont neuf robinets *qui débitent, en vingt-quatre heures, une moyenne de 2,500 mètres cubes d'eau.* Le reste du bassin, qui est presque carré, est formé par un mur de six mètres de hauteur, percé d'ouvertures garnies de grilles de fer. L'eau se trouve ainsi retenue sur une surface qui n'a pas moins de 344 mètres et son volume, variant avec son niveau, oscille entre 465 et 506 mètres cubes.

Une ancienne tradition populaire attribue à cette source une profondeur incommensurable et cette

(1) L'eau de cette fontaine n'est nullement *sulfureuse*, comme le dit *Elisée Reclus* dans sa nouvelle géographie, à l'article D.ix.

croyance était accréditée par une expérience tentée en 1701 par le duc d'Anjou. Lors de son passage dans cette ville, ce jeune prince eut la curiosité de faire sonder la fontaine, et on raconte qu'on fut obligé de renoncer à l'opération, après avoir épuisé sans succès plus de mille brasses de cordes.

Quarante ans après, M. de *Secondat*, renouvelant l'expérience du jeune prince, futur roi d'Espagne, constata que le prétendu gouffre atteignait à peine quatre toises. En 1871, M. le baron d'Haussez, alors préfet des Landes, ne trouva plus que trois toises.

Enfin, tout dernièrement, le 14 février 1882, une commission scientifique a fait une série d'expériences et d'observations dans l'intérieur du bassin de la Fontaine chaude, et il a été scientifiquement et définitivement constaté que l'eau chaude est fournie par deux griffons, situés à deux mètres au plus l'un de l'autre vers le tiers *est* de la ligne *est-ouest* qui forme le grand axe du gouffre et qui sourdent à travers un lit de cailloux roulés.

Quant à sa température, elle a été relevée à l'aide de trois thermomètres étalons, qui, tous les trois, ont donné identiquement le même chiffre de *64° centigrades* pour les deux griffons.

Les sources thermales de Dax naissent d'une faille dont la direction est indiquée par une ligne droite allant de l'ouest à l'est. Elles sont également toutes situées sur la rive gauche de l'Adour et s'étendent même jusqu'au milieu de son lit.

Au point de vue balnéaire, les ressources de Dax comprennent :

1º L'eau minéro-hyperthermale.

2º L'eau sulfureuse athermale.

4º Les eaux mères.

5º Les boues végéto-minérales.

Nous nous occuperons d'abord des *eaux minéro-hyperthermales.*

Par leur agrégat minéral, les eaux chaudes de Dax appartiennent à la classe des eaux *Sulfatées mixtes,* — par leur température à celles des *Eaux hyper-thermales.*

Elles sont claires, limpides, transparentes, sans saveur ni odeur définies et très onctueuses au toucher : leur densité est un peu supérieure à celle de l'eau distillée.

De leur surface se dégagent spontanément, sous forme de bulles, des gaz presque entièrement composés d'azote (98 %),d'acide carbonique et d'oxygène.

Dans la séance du 27 mars 1883 (1), M. le professeur Filhol, directeur de l'Ecole de médecine et professeur à la Faculté des sciences de Toulouse, communiqua à l'Académie de médecine la note suivante, touchant les eaux et les boues des Baignots :

« L'établissement des Baignots utilise trois sources « ou, pour mieux dire, trois groupes de sources, sa- « voir :

« 1º *Le groupe de l'Est,* ou groupe des bains de « boues des dames. Le groupe comprend cinq sour- « ces dont les températures sont comprises entre **37** « **et 51** degrés centigrades. La plus chaude, qui a

(1) Bulletin de l'Académie de médecine, nº 13. — Séance du 27 mars 1883.

« été récemment découverte (le captagé remonte à
« deux ans seulement), est amenée par une canalisa-
« tion souterraine directe de son bassin de captage
« dans les piscines qui sont situées à côté des pisci-
« nes à boues.

« 2° *Le groupe du Pavillon* ou du centre comprend
« trois sources distinctes à leur point d'émergence
« qu'on réunit dans un même réservoir. Le débit de
« ces sources reunies est d'environ 70,000 litres par
« jour. Leur température est de **61** degrés centi-
« grades au griffon. »

« 3° *Le groupe du Manège* ou de l'ouest comprend
« trois sources distinctes. La principale débite au
« moins 100,000 litres par jour et à une tempéra-
« ture de **61** degrés au griffon. Les deux autres ali-
« mentent les bains de boues des hommes. Leur débit
« est de 40,000 litres par jour au moins.

« Mes recherches ont porté sur l'eau de la source
« la plus chaude. J'ai d'ailleurs constaté que les élé-
« ments minéralisateurs contenus dans les **autres**
« sources sont exactement les mêmes.

« Je crois inutile de rapporter ici la série des opé-
« rations que j'ai dû exécuter pour bien établir la
« composition de cette eau minérale, car elle ne pré-
« sente aucune particularité de nature à mériter l'at-
« tention de l'Académie. Je me contenterai de dire
« que je me suis conformé aux indications données
« dans les traités d'analyses les plus récents et les
« plus recommandables.

« Un litre d'eau a donné :

Chlorure de sodium.	o gr. 2860
Bromure	Traces
Iodure	Traces
Fluorure de calcium	Traces
Sulfate de potasse	o gr. 0240
— de soude	o 1869
— de chaux	o 1880
Carbonate de chaux.	o 2314
— de magnésie.	o 1022
— de protoxyde de fer	o 0016
— de manganèse	Traces
— de lithine	Traces
— de baryte	Traces
— de strontiane	Traces
Phosphate de chaux	Traces
Matière organique	Traces
Silice	o gr. 0240
Acide carbonique libre	o gr. 0500
Cuivre	Traces
Arsenic	Traces
Antimoine	Traces

« L'analyse spectrale décèle en outre dans cette eau des traces de rubidium et de zinc. »

Action physiologique et thérapeutique des eaux minéro-hyperthermales.

L'eau minéro-hyperthermale de Dax est utilisée : 1° à l'intérieur, en boisson ; 2° à l'extérieur, en bains et douches ; 3° à l'état de vapeurs naturelles se

dégageant des griffons ou des bassins de captage ; 4°
en applications générales ou Bains de vapeurs dans
des étuves ; 5° en applications locales sous forme
d'humage ou d'aspiration dans des appareils spéciaux placés, comme les étuves, sur les griffons des
sources.

1° ACTION DE L'EAU A L'INTÉRIEUR. — A l'intérieur, elle est employée de temps immémorial. Dans
son ouvrage paru en 1759, le docteur Dufau (1) nous
dit que : « Les eaux de Dax prises à l'intérieur, à
« jeun, constituent un remède assez efficace pour
« rétablir l'estomac affaibli et forcé, pour ainsi dire,
« par des excès fréquents ; il faut, dans ce cas, en
« faire sa boisson ordinaire, et, outre cela, en pren-
« dre le matin quelques verrées bien chaudes. »

En 1785, Carrère (2) nous apprend que « l'une des
sources des Baignots *servait exclusivement à l'u-
sage interne.* » De nos jours, un grand nombre d'habitants de cette localité la boivent le matin, à jeun, à
sa température native (3), soit pure, soit édulcorée

(1) DUFAU. — Observations sur les eaux thermales de
d'Acqs par Dufau, docteur en médecine, membre de l'Académie de Bordeaux, conseiller, médecin ordinaire du roi. —
MDCCLIX.

(2) CARRÈRE. — Catalogue raisonné des ouvrages qui ont
été publiés sur les eaux minérales en général et sur celles de
la France en particulier. — Paris, MDCCLXXXV.

(3) C'est là un fait digne de remarque, et qui tendrait à
prouver que le calorique emprunté par l'eau thermale aux
entrailles de la terre n'est pas identique à celui que nous dé-
veloppons par le combustible. En effet, on boit cette eau à
une température *très élevée* et la bouche n'en ressent aucune

avec un peu de cassonnade et additionnée de quelques gouttes d'eau-de-vie. Les deux effets, obtenus
en pareil cas, quand les doses ne dépassent pas
deux ou trois verres, sont une diurèse assez abondante, une plus grande facilité dans les évacuations
alvines, le tout suivi d'un réveil rapide de l'appétit.

En dehors de cet usage banal, lorsqu'on l'utilise
dans un but thérapeutique, elle est très facilement
tolérée par les voies digestives. Franchement diurétique à faible dose, elle devient sudorifique à dose
plus élevée ; éméto-cathartique ou laxative, quand
on dépasse une certaine mesure ; jamais elle n'est
excitante que dans une limite très restreinte.

Par son action diurétique, elle amène, après deux
ou trois jours d'usage, la précipitation des sables
uriques ou phosphatiques, si communs chez les goutteux et les rhumatisants : c'est là un fait d'observation très fréquent, et il ne se passe pas de jour que
les médecins des établissements balnéaires ne soient
appelés à le constater.

En outre, elle modifie rapidement les affections
catarrhales de la vessie et facilite parfois tellement
l'élimination des graviers, cause ordinaire des coli-
ques néphrétiques, qu'il est assez commun de les
voir expulsés, sans la moindre douleur, soit pendant
la cure thermale, soit après.

L'excitation légère qu'elle produit dans la circulation générale se traduit par des phénomènes du
même ordre sur les organes du petit bassin : elle

impression désagréable ; tandis que l'eau commune chauffée
à 10° de moins brûlerait et causerait des accidents graves.

modifie, en effet, ou régularise assez promptement les flux menstruels ou hémorrhoïdaires. D'heureux résultats cliniques dus, dans certains cas, à l'ingestion de l'eau thermale, ont été tant de fois observés que beaucoup de malades, sur l'avis de leurs médecins, font aujourd'hui, pendant leur saison thermale, une véritable cure interne et qui dispense d'une station à Vichy.

Nous n'insisterons pas sur le mode d'action de l'eau hyperthermale, prise en boisson ; l'explication des faits que nous venons de signaler, réside tout entière dans sa composition chimique, et principalement dans la présence des alcallins, des carbonates de lithine, et autres.

A propos de la *dyspepsie rhumatismale*, le professeur Gubler disait, dans le *Journal de Thérapeutique*, année 1874, que cette affection était avantageusement traitée à *Plombières*, Luxeuil et *Dax*.

2° ACTION DE L'EAU A L'EXTÉRIEUR.— A l'extérieur, en bains et en douches, ses effets, on le comprend, sont subordonnés à la température et à la durée d'application.

Très franchement *sédative* dans un bain à 36° centigrades et de 30 à 45 minutes de durée, elle devient résolutive et même *révulsive* quand on l'administre à une température plus élevée dans un bain ou sous une douche de quelques minutes. Ces effets, qui se traduisent immédiatement par le calme dont jouit le baigneur, par la rubéfaction des téguments et la suractivité de la circulation, s'accentuent par la

répétition des applications et la durée du traitement.

On tire parti de cette excitation périphérique pour
la réparation des plaies, des blessures de guerre, des
ulcères ou dans le cas d'adynamie générale et d'a-
moindrissement organique, et on utilise au contraire
les *effets sédatifs* au profit de la classe si nombreuse
des affections nerveuses ou viscérales et spécialement dans les maladies utérines.

Nous donnerons plus loin l'énumération des di-
verses affections qui sont spécialement justiciables
des eaux et des boues de Dax.

Eau sulfureuse athermale.

Elle est fournie par une source captée à son point
d'émergence et se trouve située à l'extrémité d'une des
galeries-promenoir de l'établissement des Baignots.
Elle est utilisée en boisson. Appartenant à la classe des
sulfurées calciques, sa composition chimique est pro-
bablement due, d'une part à la transformation des
sulfates calciques en sulfures et de l'autre à la décomposition du sulfure fourni par les dépôts ulmiques,
rappelant exactement en cela la série des transfor-
mations qui, d'après les travaux de Reveil, se produisent dans les eaux bien connues d'Enghien, de
Pierrefonds. Quoi qu'il en soit, son degré de sulfura-
tion et sa fixité en font un auxiliaire puissant de la
cure thermale dans les cas si fréquents de manifestations herpétiques ou de douleurs gastralgiques qui
accompagnent le rhumatisme.

Une remarque assez curieuse, c'est que le point d'émergence de cette source sulfureuse se trouve entre deux sources très chaudes de l'eau minérale.

Il en existe une autre dans la ville, près du pont ; elle est peu utilisée, tandis que celle des Baignots est très suivie et donne des résultats merveilleux.

Eaux mères ou chlorurées sodiques.

Il y a quelques années on a découvert un riche banc de sel gemme sous la ville de Dax (1). La direction du gîte, la constitution de la roche, la composition géologique des terrains, tout prouve que ce gisement n'est autre chose que l'extrémité nord du banc de sel gemme qui minéralise au sud les sources de Salies-de-Béarn.

Les eaux-mères résultant de l'exploitation de ce gisement, sont utilisées en bains chlorurés-sodiques dans les divers établissements de la station.

La valeur médicale des eaux chlorurées-sodiques en général et spécialement des sources et eaux-mères de Salies, est trop connue et trop bien établie pour qu'il soit nécessaire d'insister sur ce point.

Comme on était en droit de l'espérer, d'après les détails qui précèdent, les résultats thérapeutiques obtenus avec les eaux-mères de Dax, sont exactement les mêmes qu'à Salies. A l'exemple des stations similaires, on les emploie surtout dans les cas de *chloro-anémie* et en vue de combattre surtout les

(1) On peut voir, presque au centre de la ville, *sur la place St-Pierre*, un puits par lequel on descend dans les galeries creusées dans le banc de sel qui, en cet endroit, a une épaisseur considérable.

nombreuses manifestations *lymphatiques* ou *scrofu-
leuses, les engorgements ganglionnaires, le mal de
Pott, la scoliose, les affections osseuses,* en un mot,
toutes les maladies se rattachant au lymphatisme.

Étuves humides des baignots.

Dans l'ouvrage qu'il publia sur Dax en 1759, le
docteur *Dufau* déjà cité dans cette brochure écrivait :
« Le souvenir des étuves naturelles que j'ai remar-
« quées dans le royaume de Naples, et les effets ad-
« mirables que j'ai vu opérer à ces sortes de bains
« vaporeux, m'avaient fait souhaiter qu'on voulût
« profiter de cette commodité pour en construire
« un dans la ville de Dax, à peu près dans ce goût, qui
« imiterait ces étuves ou qui pourrait en tenir lieu. »

Ces idées du docteur *Dufau* sont depuis longtemps
réalisées et l'établissement des Baignots possède
trois étuves naturelles qui peuvent rivaliser avec les
plus connues.

*Bâties sur les sources mêmes, elles reçoivent direc-
tement sous leur voûte les vapeurs qui s'en dégagent :*
dans chacune d'elles, se trouve un lit quadrillé pla-
cé sur l'ouverture d'accès des vapeurs thermales, et
des appareils pour douches en pluie et en lance à eau
minérale chaude, tempérée et froide : il existe également un petit récipient dans lequel on peut, à volonté, faire arriver l'eau froide pour s'ablutionner la
face, pendant l'opération.

Ces étuves naturelles constituent un agent thérapeutique très précieux dans certaines affections, et

les résultats qu'elles donnent sont des plus remarquables : elles sont en grand honneur auprès d'un nombre considérable de personnes de la station, qui, par mesure d'hygiène, viennent très fréquemment y prendre des *bains turcs*.

LES BOUES VÉGÉTO-MINÉRALES DE DAX

Leur origine ; leur mode d'action et leurs applications thérapeutiques

C'est en grande partie à ses Boues végéto-minérales que Dax doit sa réputation thermale ; elles sont, en effet, utilisées de temps immémorial et leurs effets curatifs, dans certaines maladies, sont consignés dans un grand nombre d'ouvrages scientifiques. — En voici quelques extraits :

En 1746, M. *de Bordeu* (1) s'exprimait ainsi à leur sujet : « Les eaux de Dax, si connues même des Ro- « mains, sont très chaudes, bitumineuses et ferru- « gineuses ; on se sert des eaux et des boues ; on se « baigne dans l'eau dont on boit un peu, l'on se plon- « ge dans la boue pour les paralysies, les bouffissu- « res et les grands relâchements. »

Dans son *Traité des Eaux minérales*, M. le docteur *Castetbert* (2) nous dit que « Dax, Barbotan et

(1) Lettres contenant des essais sur l'histoire des eaux minérales du Béarn, adressées à Mme de Sorbiero à Pau-en-Béarn, par Théophile de Bordeu, le fils, médecin-chirurgien, docteur de Montpellier. (Amsterdam.— MDCCXLVI.)

(2) Traité des Eaux minérales, par M. Raymond-François

« Saint-Loubouer doivent une grande partie de leur
« réputation *aux miracles qu'ont opérés ces bourbiers*,
« qu'on doit regarder comme une terre grasse, onc-
« tueuse, imprégnée des parties les plus balsami-
« ques, les plus actives de l'eau qui les délaie et qui
« se concentre dans les porosités de ces boues qui
« sont souvent préférées aux eaux thermales dans le
« cas où il faut apaiser des douleurs aiguës, périodi-
« ques comme celles de la goutte et du rhumatis-
« me. »

« Les boues dont nous parlons, continue M. le
« docteur Castetbert, ne flattent point autant la vue
« et l'odorat que les onguents que vendent les par-
« fumeurs ; mais aussi elles ont plus de propriétés et
« celles qu'elles ont en commun sont dans un degré
« plus éminent, pourvu qu'on ait le temps d'observer
« les précautions qu'Hippocrate recommandait aux
« Grecs qui faisaient familièrement usage des on-
« guents ....
« et à la faveur de ces petits soins, les boues ont une
« vertu tonique, capable de fortifier, de résoudre et
« de rétablir le ressort des parties affaiblies. »

« Les boues, outre leur efficacité dans plusieurs
« maladies opiniâtres et rebelles, produisent un cha-
« touillement assez agréable dès qu'on y est entré,
« et, après qu'on en a fait usage pendant quelques
« jours, on trouve la peau douce comme du satin,
« et, si elles n'étaient pas aussi désagréables à la vue

Castetbert, docteur en médecine de l'Université de Montpellier, médecin à Bordeaux. — Bordeaux, chez Jean Cha-
puis, 1762.

« et à l'odorat, elles mériteraient le nom de « *Pom-*
« *made naturelle par excellence* ».

En 1759, le docteur *Dufau* (1) parle des boues de
Dax dans les termes suivants : « Au sortir de la ville,
« vers l'ouest, on trouve sur le bord de la rivière une
« belle allée d'ormeaux qui conduit aux bains d'Acqs,
« qu'on appelle communément les Baignots. Le
« creux qui produit les boues et les contient est très
« profond ; j'y ai vu enfoncer une perche de plusieurs
« toises sans en trouver le fond. Le degré de cha-
« leur est différent, et il augmente à mesure qu'on
« les puise plus avant dans la profondeur : à un pied,
« il était de 41 degrés Réaumur en 1746, en 1753 et
« en 1756, en sorte qu'il n'y a pas eu de variations à
« l'égard des boues, comme je l'ai remarqué à l'é-
« gard des eaux.

« Les eaux des *Baignots*, qui sont les seules au-
« jourd'hui dont on fasse usage, contiennent en pre-
« mier lieu cet esprit minéral, élastique, volatile, aé-
« rien, que le célèbre Frédéric Hoffmann, cet ingé-
« nieux scrutateur de la nature des eaux minérales, a
« démontré faire l'âme, pour ainsi dire, des vérita-
« bles eaux minérales. »

M. l'abbé d'*Expilly* (2) nous apprend qu'en 1764,
« au sortir de Dax, par la porte qui est au-dessous du
« château, sur le bord de l'Adour, est une allée d'or-
« meaux qui conduit à un endroit appelé *Les Baignots*,
« à cause des bains chauds d'eau minérale qui sont

(1) *Loco citato.*

(2) D'Expilly, Dictionnaire des Gaules et de la France —
Amsterdam, 1764.

3

« en cet endroit. Parmi ces eaux, il en est de chau-
« des et d'autres tempérées. On y trouve aussi des
« boues spécifiques pour les rhumatismes dont il a
« été parlé. Au mois de juillet 1724, on acheva un bâ-
« timent qu'on a fait construire en ce lieu pour l'u-
« sage des personnes qui viennent y chercher du
« soulagement ou leur guérison. »

Nous terminerons ces citations par quelques lignes
empruntées à MM. *Raulin* et *Jacquot* (1):

« Les sources des *Baignots* sont fréquentées de-
« puis un temps immémorial. En 1712, la veuve de
« Charles II, roi d'Espagne, y fit une saison, mais
« en habitant la ville, ce qui semblerait indiquer que
« s'il y avait une maison près des bains, elle n'était
« pas très grande. En 1741, d'après *Secondat*, les
« bains y consistaient encore en de grands trous
« pleins d'eau bourbeuse. Il y a, aux Baignots, deux
« piscines à boues dont l'une est divisée en trois
« compartiments, et treize cabinets de bains renfer-
« mant quinze baignoires dont huit en marbre et
« sept en cuivre. »

Ces citations, que nous aurions pu faire précéder
d'autres plus anciennes, nous semblent prouver d'une
façon assez évidente que depuis longtemps les boues
de Dax sont appréciées et que leur application dans
certaines maladies ne sont point le fait de pratiques
empiriques, mais bien le résultat d'observations cliniques faites par des médecins en renom. Nous aurions également établi que l'établissement le plus an-

---

(1) *Raulin et Jacquot :* Statistique géologique et agrono-
mique du département des Landes.

cien de la station, celui dans lequel on prenait les bains de boue qui ont fait la réputation thermale de Dax, est l'*Etablissement des Baignots*.

Les boues de Dax sont *uniques* en France ; elles n'ont d'analogues naturelles que celles de *Préchacq*, à une vingtaine de kilomètres de cette station. En effet, tandis qu'à *Saint-Amand*, on a besoin de les chauffer à cause de leur basse température, qu'à *Franzenbad*, elles subissent toute une série de manipulations avant d'être aussi chauffées artificiellement, à Dax, on les emploie telles que la nature les fournit : *elles sont directement chauffées et minéralisées par l'eau.*

Les boues de Dax sont noirâtres, gluantes et très onctueuses au toucher, tachant fortement le linge et même le corrodant ; elles ont un goût styptique et une odeur *sui generis* qui rappelle de loin celle de l'acide sulfhydrique.

En voici l'analyse faite par M. le professeur Filhol et communiquée par lui à l'Académie de médecine (1)·

« Comme il était aisé de le prévoir, dit M. Filhol, » j'ai trouvé dans les boues des Baignots tous les » corps qui existaient dans l'eau elle-même. L'analy- » se mécanique permet d'y reconnaître l'existence » d'une assez forte quantité de sable siliceux ; elle » permet encore d'isoler une quantité considérable » d'une argile très fine. Ces boues contiennent *une* » *proportion notable de matière organique* dont les » propriétés sont analogues à celle de la tourbe.

(1) Bulletin de l'Académie, n° 13 du 27 mars 1883.

» Quand on fait bouillir la boue de Dax avec une so-
» lution alcaline, on obtient un décocté coloré en
» brun, comme une forte infusion de café. Si l'on a-
» joute à ce liquide un léger excès d'acide chlorhy-
» drique, il s'y produit un précipité brun qui possède
» tous les caractères de l'acide ulmique.

» *Parmi les corps qui ont particulièrement attiré*
» *mon attention, je signalerai le cuivre qui existe dans*
» *les boues à l'état de sulfure, et le fer qui s'y trouve*
» *en partie à l'état de sulfure ferreux, en partie à*
» *l'état de sesquioxyde.*

» Cent parties de boues, séchées à la température
» de 120 degrés, ont donné à l'analyse :

Sable siliceux.......................   21 gr. 471
Argile   46   727
Sulfure ferreux.....................   4   915
Sesquioxyde de fer   6   100
Carbonate de chaux   1   800
  —   de magnésie.............   0   032
Matière organique...................   18   902
Sulfure de cuivre...................   0 gr. 028
Arsenic.............................   Traces
Antimoine...........................   Traces
Bromure de sodium..................   Traces
Iodure de sodium...................   Traces
Fluorure de sodium..................   Traces
Carbonate de manganèse.............   Traces
  —   de lithine...............   Traces
  —   de baryte................   Traces
  —   de strontiane............   Traces
Chlorure de sodium..................   0 gr. 002

Sulfate de potasse. . . . . Traces
—   de soude. . . . . o gr. oo1
—   de chaux. . . . . o - .o22
Phosphate de chaux. . . . . Traces

« Quoiqu'il me paraisse certain que les boues agis-
» sent sur les malades par l'ensemble des éléments
» qui les composent, je ne puis m'empêcher d'attri-
» buer une bonne partie de leur action au *cuivre*,
» *au fer*, et à la *matière organique* dont l'origine me
» paraît due à la décomposition des algues d'eau
» douce, qui vivent, soit dans l'eau thermale, soit
» dans son voisinage. Les caractères chimiques de
» cette matière organique me paraissent rendre évi-
» dente l'origine que je leur attribue. »

Leur origine.

Quant à leur origine, voici, dit le Dr *Lavielle*, la
théorie la plus généralement accréditée. « En surgis
sant à la surface du sol, les eaux minérales échauf-
fent les dépôts limoneux fournis par les débordements
de l'Adour et leur abandonnent une partie de leur
sédiment, tout en leur communiquant une thermalité
notable. En outre, il se développe au sein de ces
eaux des conferves appartenant principalement aux
oscillariées, et c'est un élément de plus, vrai imon
végétal, analogue à celui des bassins de Néris, et
dont les propriétés présumables s'ajoutent à celles
du limon minéral adourien.

Nous disons à *dessein* que c'est là la théorie la
plus généralement accréditée : nous la regardons

comme l'expression *exacte d'une partie de la vérité*, mais nous la trouvons *insuffisante* pour expliquer *complètement la genèse de toutes ces Boues.* D'où viennent, en effet, *ces* 400 *mètres cubes* (1) de boues accumulées dans le bassin de la Fontaine chaude, et à quelle cause attribuer leur renouvellement incessant et continu ? On ne peut ici arguer des débordements de l'Adour et de son limon, l'eau du fleuve ne venant point se mêler à l'eau du bassin. Invoquera-t-on les poussières atmosphériques, les détritus organiques de toute sorte jetés dans le bassin ou mieux le sédiment minéral précipité par l'eau thermale ? Tout en accordant à chacun de ces composants *probables* une importance très légitime, nous les croyons insuffisants pour expliquer la formation d'une aussi grande quantité de boues.

Aux éléments déjà connus et invoqués viendrait donc s'en ajouter un troisième, car, ce qui est vrai pour la Fontaine chaude, l'est également pour les autres sources en exploitation ; et cet élément ne serait-il point constitué par les débris végétaux et minéraux, amenés par la force ascensionnelle des sources, sorte de *vis à tergo*, qui les ferait remonter à la surface, en les disposant sur les griffons ou à côté d'eux ? (Bassin de captage pour la Fontaine chaude). Cette interprétation serait d'autant plus plausible que de toutes les sources en exploita-

---

(1) Lors des travaux qui, à l'occasion du Congrès, furent exécutés à la Fontaine chaude, M. Trépied, ingénieur des ponts et chaussées, a évalué à 400 *mètres cubes*, la quantité de boues accumulées dans le bassin de la fontaine chaude.

tion à Dax, une seule sourd directement de la dolomie et que sauf celle-là, toutes traversent des couches d'argile alluviale. En outre, un argument qui militerait en faveur de cette hypothèse serait l'existence de *boues fossiles*, trouvées par M. l'ingénieur *Richard* à 20 mètres de profondeur au-dessous du sol actuel à trois kilomètres environ des bords de l'Adour et dont le gisement est de cinquante centimètres d'épaisseur ; leur analyse faite par M. *Guyot-Dannecy*, a démontré que leurs qualités physiques et leur composition chimique offrent une parfaite analogie avec *les boues actuellement exploitées.*

Nous n'avons nullement la prétention de vouloir imposer notre manière de voir : nous ne faisons qu'indiquer un point de recherche nouvelle. »

Fort de l'appui que nous prêtent des faits indiscutables d'observation journalière que chacun peut faire également, nous nous contentons de les livrer au public médical.

« On trouve à Dax, dit M. *Rotureau* (1), au fond du « grand bassin de la fontaine chaude, une couche as- « sez épaisse de boue *qui semble tirer son origine de* « *l'eau amétallite seulement.* »

Dans son « Abrégé des propriétés des eaux minérales de Préchac », en 1761, M. le docteur *Dufau* nous présente les eaux de Préchac comme contenant un principe bitumineux volatil et spiritueux très abondant, une très petite quantité de sel marin et de sel de Glauber et une *terre calcaire très déliée.*

_____

(1) Loc. cit.

Nous ouvrons l'ouvrage de M. *Raulin*, paru en 1774, intitulé : « Traité analytique des Eaux minérales », et nous lisons, à la page 284, le passage suivant : « Les eaux thermales de Dax contiennent un soufre très tenu et volatil, une substance très grasse, *une terre fort ténue* et un sel neutre à peu près de la même nature que le sel gemme.

Ainsi, voilà deux médecins du siècle dernier qui ont trouvé, dans les eaux de Dax et de Préchac *une terre fort ténue* : cette constatation rapprochée de la récente analyse des eaux et boues de l'établissement des Baignots par M. Filhol, analyse qui décèle la présence d'une certaine quantité de matière organique et de nombreux carbonates et sulfates, ne plaide-t-elle point en faveur de l'idée que nous émettons ? Et comment expliquer autrement que par la précipitation d'un sédiment, la crasse *boueuse* que l'on découvre à chaque instant sur les parois des tuyaux de conduite de l'eau thermo-minérale ainsi que dans les bassins refroidisseurs de cette même eau ? Ce fait, d'ailleurs, n'est point particulier à Dax, et il est signalé pour d'autres stations thermales et notamment pour les bassins de Néris dont les eaux sont similaires à celles-ci. Etant donné le débit de la Fontaine chaude, *qui est d'environ deux millions de litres par jour*, il ne répugnera à aucun esprit réfléchi d'admettre que cette immense quantité d'eau dépose journellement, dans son bassin, un sédiment qui, accumulé couche par couche, depuis l'époque où le bassin a été construit (1804), constitue une quantité approximativement évaluée par M. *Trépied* à 400 mètres cubes de boues, et cela, *en dehors de toute interven-tion fluviatile.*

En résumé, ajoute encore le Dr *Lavielle*, nous pen-sons que dans la théorie actuelle sur la genèse des boues, on a négligé un facteur très important : la précipitation sédimentaire *boueuse* de l'eau thermale. C'est cet élément qui constitue surtout l'agent *miné-ral* de ces boues et c'est à lui et à la chaleur que doit revenir la part thérapeutique la plus considérable, parce qu'il représente les principes actifs de l'eau.

Quant aux conferves qui naissent, vivent et meu-rent dans l'eau thermale, elles nous paraissent jouer un rôle tout à fait problématique. Il y a une dizaine d'années, en effet, on ignorait absolument à Dax que les boues pussent être cultivées ; mais avec le progrès qui aujourd'hui déborde de toutes parts, des esprits originaux ont surgi qui ont prétendu que le meilleur, le seul moyen de rendre les boues *médi-cinales* ! c'était de les cultiver à ciel ouvert. Que des hydropathes fantaisistes, cherchent dans la *fa-brication* de la boue un moyen d'exploiter les naïfs et veuillent rendre le public témoin de leur *cuisine à ciel ouvert*, c'est affaire à eux ; que, par leur talent, ils arrivent à rendre la boue *tellement médicinale* qu'au lieu de la débiter en bains, ils la vendent en pilules, nous n'y voyons aucun inconvénient. « Nous « voulons seulement protester contre les inexacti-« tudes involontaires ou préméditées qui, surprenant « la bonne foi des médecins, peuvent être ou fort « dangereuses ou au moins très peu profitables aux « malades. Nous voulons mettre le corps médical en

« garde contre une réclame basée sur des préten-
« tions absolument en désaccord avec les observa-
« tions et les conclusions scientifiques qu'il est bien
« facile de contrôler. » (1)

La présence des conferves dans l'eau thermale
n'est point un phénomène surprenant et nous les retrouvons tout aussi bien dans l'eau froide et sta-
gnante et courante; elles diffèrent, il est vrai, et leur
organisation n'est point la même dans les deux mi-
lieux, mais elles nous paraissent jouer un rôle tout
à fait secondaire dans l'action thérapeutique du bain.
Sans doute, leurs cadavres engraissent la boue, lui
donnent de l'onctuosité et engendrent des phénomènes de fermentation ou autres que nous pouvons
être amenés à soupçonner ; sans doute, les rayons
solaires aident à leur éclosion et à leur prolifération,
et cependant on ne saurait leur attribuer l'action prépondérante que d'aucuns voudraient leur donner.

Cela est si vrai qu'à Néris, station célèbre par la
végétation confervoïde de ses eaux, on néglige aujourd'hui le traitement tant prôné dans les ouvrages
spéciaux par l'application topique des algues thermales ; et au lieu de servir à engraisser les bains,
les conferves qui se développent dans les bassins refroidisseurs sont utilisées pour le fumage des terres.
Néanmoins, dans le bassin de droite qui existe à la
porte d'entrée, chaque baigneur peut voir végéter
de magnifiques hydrophytes, qu'on se dispense d'em-
ployer en applications balnéaires : qu'on se contente

(1) Extrait de la brochure du Dr de Sandfort : *Les thermes de Dax.*

de les vendre par poignées aux malades qui en désirent.

Que les boues de Dax soient ou ne soient point cultivées, qu'elles soient prises à l'est ou à l'ouest, au nord ou au sud, qu'elles portent la qualification de naturelles, médicinales, ou même surnaturelles, il est un fait que personne ne contredira et ne pourra détruire, à savoir : leur efficacité. D'après nous, et nous le disons bien haut, cette efficacité est due, non seulement à l'agrégat minéral qui les constitue, mais encore et surtout à l'action réciproque de l'eau minéro-thermale sur la boue et de celle-ci sur l'eau. De ce double rapprochement et des réactions chimiques qui doivent en être la conséquence, on est logiquement amené à conclure à une concentration de l'eau et à une précipitation beaucoup plus facile et beaucoup plus considérable des principes minéraux qu'elle contient.

Nous ne voulons retenir que ce fait, et il nous suffit amplement : c'est que les boues de Dax donnent des résultats positifs dans certains cas que nous mentionnerons plus tard. Aussi n'insisterons-nous pas davantage, et ne dirons-nous rien de l'action des phénomènes soit physiques, soit chimiques en présence desquels se trouve le baigneur et auxquels doit, selon toute probabilité, être attribuée une large part de l'incontestable efficacité des boues mises en contact avec de l'eau minérale.

Toutes les boues de Dax contiennent des conferves. Qu'entend-on, en effet, par ce mot ? Il ne s'applique pas seulement à ces plantes verdâtres que l'on cons-

tate soit dans la Fontaine chaude, soit dans les bassins refroidisseurs de l'eau thermale, et qui meurent
dès qu'elles sont privées d'air et de lumière, dans les
baignoires à boue ; mais, dit *Rotureau*, il comprend
surtout ces *matières organiques* amorphes, si bien
étudiées par *Longchamp* et *Anglada*, sous les noms
de barégine et de glairine. Or, cette matière organique (formée par des algues mortes et décomposées
ou peut-être par des algues embryonnaires), nous la
retrouvons dans l'eau et les boues de Dax, *quelles
qu'elles soient. Vauquelin* l'avait déjà signalée dans
ces eaux, et dernièrement, le regretté professeur
Filhol, la mentionnait dans son analyse des eaux et
des boues des Baignots.

Cette matière organique a été récemment étudiée
par M. *Marchand*, professeur de cryptogamie à l'é-
cole de Pharmacie de Paris, sous le nom de *Daxine*.
Il dit « qu'il lui semble que ces glaires sont des re-
« buts des végétations qui se trouvent dans ces eaux
« et qu'il lui paraît intéressant de voir comment se
« fait cette composition et comment surtout le prin-
« cipe minéralisateur se condense en ces glaires di-
« verses, qui, amorphes d'abord, prennent, avec d'as-
« sez forts grossissements, des apparences de tex-
« ture bien arrêtée. » M. Marchand a eu en main des
boues et des glaires des eaux de Dax ; mais, malheu-
reusement, le voyage et le temps les avaient tellement altérées qu'il lui a été difficile de les étudier
comme il l'eût désiré. Quoiqu'il soit présumable que
la *Daxine* est analogue à la *Barégine*, à la *Luchoni-
ne*, à la *Saint-Sauverine*, etc., nous pensons que des

recherches sérieuses seraient pleines d'intérêt et qu'elles contribueraient problablement à jeter un jour nouveau sur le *modus agendi* de ces eaux et de ces boues. Faisons des vœux pour leur prochaine réalisation.

Quant à l'action thérapeutique de ces conferves, elle nous semble, comme à beaucoup d'autres, très problématique, et si elles en ont une, elles la doivent à la présence des ingrédients que contient l'eau minérale elle-même.

Nous disons donc que toutes les boues de Dax, qu'elles soient prises dans les fossés des Baignots, au trou des Pauvres, au Roth, à Saint-Pierre, dans le lit de la Pédouille ou sur les berges de l'Adour, sont et doivent être efficaces à la *condition indispensable d'être*, aussitôt enlevées, *déposées sur les sources même d'eau minéro-thermales* ; car, comme la définit M. *Rotureau* (1) : « La boue est ou le dé-« pôt d'une source ou une terre, en général, glaiseu-« se ou tourbeuse, qui macère toujours ou pendant « plusieurs années dans une eau minérale. »

De cette façon, en effet, la boue se minéralise ; elle emprunte à la source thermale sur laquelle elle gît une grande quantité de sels minéraux, et, par sa présence, elle aide à la précipitation sédimento-boueuse de l'eau hyperthermale.

Si nous passons en revue les différentes stations d'Italie où le traitement par les boues (les *Fanghi*)

_____

(1) *Rotureau* : Dictionnaire encyclopédique des sciences médicales, in article « Boues. »

est en usage, nous voyons partout ce système en pratique, et nous remarquons surtout que les Italiens sont beaucoup moins scrupuleux que nous, au point de vue du choix de la boue qu'ils emploient.

Ainsi, à *Vinadio* (à la source des Fanghi), et à *Abano*, les eaux suintent d'un rocher au bas duquel est creusé un réservoir *où est déposée la terre glaise que l'on apporte pour la faire chauffer par l'eau des sources*. De cette façon, dit M. Rotureau, la terre macère dans l'eau tout en prenant sa température.

A *Trescore* (dans les établissements de San Pancracio et de Grena), la boue est prise *un peu partout* et déposée sur les griffons de différentes sources ; on la laisse macérer dans l'eau minérale, s'imprégner des sels que celle-ci contient, et au bout d'un certain temps on l'administre en bains.

Voici ce que dit encore, sur l'origine des boues, le docteur *Saintorens*, médecin inspecteur de la station, dans son rapport adressé au ministre du commerce.

« Toute la partie basse de la rive gauche de l'A-
« dour est constituée par des alluvions superposées
« aux formations crétacées ou tertiaires, et le plus
« grand nombre des sources thermales se dégagent
« du sein de ces alluvions. La réunion de ces deux
« éléments forme une boue thermale que l'on ne
« trouve qu'à quelques mètres de profondeur et qui
« est peu utilisée par la médication balnéaire.

« L'origine des boues employées dans les piscines
« ou les baignoires des établissements de la station
« est due aux dépôts limoneux que l'Adour abandon-

« ne après chaque inondation. Ces limons déposés
« sur les sources thermales se trouvent imprégnés
« d'eau minérale, et l'algue dont la présence est es-
« sentiellement liée à cette eau, se développe sous
« l'influence de l'air et de la lumière. Au contact de
« cette matière organique, la sulfuraire se produit, et
« des gaz se dégagent. Ces gaz sont semblables à ceux
« des réservoirs où l'eau thermale séjourne, c'est-à-
« dire qu'ils renferment 98 % d'azote. »

Il y a donc, comme on vient de le lire, deux sortes
de boues : l'une, inexploitée, que les récents travaux
exécutés autour de la fontaine chaude pour la construction des égouts ont fait découvrir, dans un péri-
mètre très vaste, à une profondeur moyenne de quatre à six mètres (1), et l'autre, produite par le dépôt
limoneux de l'Adour sur les sources qui émergent au
bord du fleuve ; cette dernière est la seule, jusqu'ici,
qui soit utilisée en boues : « Ces boues, continue le
« docteur *Saintorens*, constamment traversées par
« des courants d'eau minérale, contiennent en pro-
« portions variables quatre éléments principaux.

« 1° Le limon déposé par les débordements de l'A-
dour.

« 2° Des sels de chaux, de soude, de magnésie, de
« fer, de l'iode, du brome, etc., que l'eau abandonne à
« la boue.

« 3° Une partie de ces mêmes substances minéra-

(1) Ce gisement de boues doit être d'une étendue considérable, car l'année dernière, à l'occasion de fouilles, pratiquées à l'Etablissement des Baignots, il en a été trouvé, aux
mêmes profondeurs, une nappe très épaisse.

« les ayant subi des réactions et des décompositions
« incessantes au contact de la boue et des algues
« mortes :

« 4° La substance des algues qui y naissent, vivent,
« meurent et s'y succèdent avec une abondance et
« une rapidité surprenantes. »

« Cette boue médicinale une fois formée est noi-
« râtre, douce au toucher, onctueuse, et répand une
« odeur d'hydrogène sulfuré peu intense. »

**Effets physiologiques et mode d'action du
bain de boues.**

M. le docteur *Charles Lavielle, médecin de l'établissement thermal des Baignots*, a bien voulu mettre à notre disposition les notes suivantes, extraites
d'une monographie encore inédite qu'il a dernièrement présentée à la Société d'hydrologie médicale de
Paris et qui a pour titre : « *Traitement du rhumatisme
noueux par les boues de Dax.* »

Voici ce qu'il écrit sur le mode d'action des boues :

« Afin de nous rendre un compte aussi exact que
possible des effets produits par l'immersion dans le
bain de boues, nous en avons pris un certain nombre :
ces expériences ont été faites en présence du docteur
Raillard (d'Ozourt), médecin directeur de l'établissement thermal des Baignots, qui a bien voulu nous
prêter son précieux concours en dirigeant ces essais
et en en surveillant les résultats.

« Voici les détails observés pendant les deux pre-

mières expériences. Elles nous ont semblé les plus
remarquables tant à cause de la netteté des effets
obtenus qu'à cause des conditions où elles ont été
faites et qui sont exactement semblables à celles où
se trouvent nos malades.

Iᵣₑ EXPÉRIENCE (1).

« 1. A l'entrée dans le bain (céphalalgie).

Température de la salle . . . . 21° centig.
  — du bain de boues . . . 36°
  — de l'aisselle. . . . . . . 35° 4/10
Pouls. 95

« 2. Après cinq minutes d'immersion.

Température du bain de boues . . . 37° 3/10
  — de l'aisselle. . . . . . . 36° 8/10
Sensation de chaleur à l'épigastre.

« 3. Après dix minutes d'immersion.

Température du bain de boues. . . . 41°
  — de l'aisselle. . . . . . 37° 1/10
La céphalalgie a disparu. Chaleur à la face. Gêne
générale.

« (1) Que, dans la lecture des deux expériences, le lecteur ne
« s'étonne point de la température du bain de boues, au mo-
« ment de l'immersion. Ce n'est point là le degré normal de
« ces bains. Pour faire nos expériences, nous avions, en effet,
« fait interrompre l'arrivée de l'eau thermale, et ce n'est qu'a-
« près l'immersion, que nous l'avons rétablie, ce qui explique
« l'élévation progressive de la température. »

4

« 4. Après treize minutes d'immersion.

Température du bain de boues. . .   42°
—   de l'aisselle . . . . . 37° 2/10
Chaleur de plus en plus intense à la peau. Picote-
ment. Légère dyspnée.

« 5. Après quinze minutes d'immersion.

Température du bain de boues . .   42° 8/10
—   de l'aisselle. . . . . . 37° 4/10
Picotements de plus en plus forts. Dyspnée plus
intense.

« 6. Après dix-huit minutes d'immersion.

Température du bain de boues . .   45°
—   de l'aisselle . . . . . . 38°
Pouls . . . . : 108
Sudation. Cessation du malaise et de la dypnée.

« 7. Après vingt minutes d'immersion.

Température du bain de boues. . .   45° 5/10
—   de l'aisselle. . . . . . 38° 1/10
Pouls. 116
Température de la salle . . . . . . 22° 5/10
Sudation très franche. Pas de malaise. Sortie du
bain. Douche à 14° une minute. Réaction très facile.

2ᵉ EXPÉRIENCE.

« 1. A l'entrée du bain.

Température de la salle . . . . 20°
—   du bain de boues. . .   39°
—   de l'aisselle. . . . . 36° 1/10
Pouls. 84

« 2. Après cinq minutes d'immersion.

Température du bain de boues . . 40° 6/10
—   de l'aisselle. . . . . . 37°

« 3. Après dix minutes d'immersion.

Température du bain de boues . . 42°
—   de l'aisselle . . . . . 37° 2/10
Pouls 86

Chaleur à l'épigastre. Battements aux tempes. Picotements à la face. Malaise.

« 4. Après treize minutes d'immersion.

Température du bain de boues. . . 43° 8/10
—   de l'aisselle. . . . . . 37° 8/10
Pouls 92

Picotements généralisés. Chaleur à la face. Constriction à la gorge.

« 5. Après quinze minutes d'immersion.

Température du bain de boues. . . 44°
—   de l'aisselle. . . . . . 38° 1/10
Pouls. 110

« 6. Après dix-huit minutes d'immersion.

Température du bain de boues. . . 45°
—   de l'aisselle. . . . . . 38° 2/10
Pouls 112
Température de la salle . . . . . . 21° 8/10

« Sortie du bain : sudation plus franche que la veille ; « même douche à 14°, réaction très facile.

« L'action des bains de boues, prise dans les con- « ditions de température qu'indiquent nos expérien- « ces peut très bien se résumer par un seul mot

« *Révulsion.* Comme l'indiquent nos chiffres, cette
« action se caractérise par une élévation de la tem-
« pérature axillaire, une accélération correspon-
« dante du pouls et une sudation plus ou moins
« abondante sans que jamais ces phénomènes, quoi-
« que très accusés, arrivent à perturber les conditions
« physiologiques de l'économie ; ils les exagèrent,
« voilà tout. S'il est facile de déterminer les effets
« physiques du bain de boues, il n'est pas aussi aisé
« d'expliquer son action thérapeutique : cette der-
« nière, en effet, ne peut se déduire rigoureusement
« ni des propriétés physiques de la boue, ni de sa
« composition telle qu'elle est indiquée par l'analyse
« chimique ; et ici, comme dans la presque généralité
« de toutes les stations thermales, comme pour tous
« les médicaments les plus précieux, il faut s'en rap-
« porter à l'observation et à la tradition.

« Quel est donc le mode d'action des bains de
« boues ? Là, nous entrons largement dans le champ
« des hypothèses ; car, nous devons humblement l'a-
« vouer, nous ne sommes guère plus avancés que du
« temps de Pline, sur l'action des eaux minérales. A
« peine avons-nous échangé la nymphe tutélaire que
« les Romains plaçaient à chaque source contre le
« *quid ignotum* d'Hippocrate ou le *quid divinum* de
« quelques philosophes. On a tour à tour, pour nos
« eaux et nos boues, mis en avant l'agent minéral
« thermal, la matière organique, le cuivre et le fer,
« (Filhol), l'électricité(1) ; on a représenté Dax com-

« (1) A l'exemple de *Schoutetten*, qui, dans ses expériences
« sur les eaux thermales du bain romain à *Plombières*

« rne une véritable pile thermo-électrique et les
« boues comme constituant un véritable coke végéto-
« minéral (Mora) offrant une réceptivité calorique
« analogue à celle du coke minéral.

« Cette dernière hypothèse n'a, à nos yeux, qu'un
« seul mérite : celui de l'originalité. Elle ne prouve
« rien, ne s'appuie sur aucun fait d'observation scien-
« tifique ; elle n'a pas plus de valeur que toutes les
« autres déjà émises en pareille matière et malgré
« que certain auteur grincheux ait cru plaisant et
« spirituel de railler ironiquement le *quid divinum*
« des eaux minérales, nous n'en persistons pas moins
« à croire que tous les travaux, y compris le sien,
« n'ont pas éloigné la question des probabilités de
« l'empirisme.

« Néanmoins, dans le bain de boues, tel qu'il se
« prend à Dax, il y a deux éléments *palpables* d'ac-
« tion qui sont : 1° La pression, l'action topique de la
« boue sur l'enveloppe cutanée. 2° L'action calorifi-
« que de l'eau hyperthermale qui donne à la boue sa
« température.

« Afin de ne rien négliger, nous devons signaler la
« part revenant à la buée chaude si abondante qui se
« dégage du bain de boues pour se répandre dans les
« salles voûtées à dessein comme les piscines com
« munes de Barèges.

« Cette buée facilite le jeu des organes respiratoi-

« constata une déviation galvanométrique de 60°, MM. *Thore*
« *et Dufourcet* ont commencé des études sur l'électricité de
« nos eaux hyperthermales. La fontaine chaude leur a four-
« ni un courant negatif très énergique produisant un bruit
« très intense dans un téléphone et marquant 50° à un gal-
« vanomètre peu sensible.

« res et permet de tolérer la calorification excessive
« du tégument, en établissant une sorte d'équilibre
« entre la température extérieure et la température
« intérieure.

« Quoi qu'il en soit, nous avons été frappé de la
« facilité avec laquelle se supportent, sans malaise
« réel, dans la boue, des températures à peu près in-
« tolérables dans un bain ordinaire. On se l'explique
« encore mieux quand on y joint l'action de la douche
« froide prise au sortir du bain. En effet, celle-ci, qui
« agit en soustrayant du calorique et en ramenant
« rapidement l'état fonctionnel à son rhythme nor-
« mal, donne la clef d'une tolérance prolongée pen-
« dant tout le cours d'un traitement de 20 à 30 jours.
« Nous insistons sur ce point, car nous croyons exa-
« gérées les craintes de certains médecins qui redou-
« tent de troubler, par un brusque refroidissement,
« le mouvement fluxionnaire périphérique produit
« par le bain chaud : la réaction qui suit la douche
« suffit à en faire justice.

« Les phénomènes d'excitation générale consécutifs
« à nos expériences ont été peu prononcés. Les seuls
« qui nous aient paru appréciables sont une augmen-
« tation de la soif et de l'appétit, un peu de fatigue,
« produisant une tendance plus accusée au sommeil,
« une souplesse des articulations et enfin une très
« grande facilité de sudation.

« De ce qui précède, sommes-nous en droit de tirer
« des conclusions pratiques, applicables aux mala-
« des ? Nous le croyons avec d'autant plus de raison
« que les phénomènes signalés par eux se rappro-

« chent très exactement de ceux que nous venons de
« consigner.

« Tous, en effet, éprouvent, au début, une excita-
« tion générale qui se traduit par une sensation de
« bien-être et de force insolites.

« Leur peau, qui fonctionnait mal ou d'une façon
« exagérée devient très rapidement le siège d'une
« bonne et douce moiteur qui, au bout de peu de
« jours, est remplacée par des sueurs critiques tou-
« jours faciles et parfois très abondantes.

« Cet effet est en général le premier signalé par la
« plupart des malades. En même temps, leur appé-
« tit se réveille, leurs digestions se régularisent; les
« épanchements en voie d'organisation ou déjà or-
« ganisés autour des jointures commencent à se ré-
« sorber; le jeu des articulations est plus libre, grâce
« à la souplesse qu'elles prennent; l'exercice, qui était
« à peu près impossible, devient facile et agréable,
« et comme conséquence, ils recouvrent rapide-
« dement le sommeil. Quelques-uns éprouvent, dès
« le début, une exaspération des douleurs articulai-
« res qu'un ou deux jours de repos suffisent à cal-
« mer. Cette exaspération qui, d'ordinaire, est d'un
« bon augure, se continue parfois durant toute la
« durée du traitement, et les malades chez lesquels
« elle est le plus marquée sont ceux qui obtiennent
« de leur traitement les résultats les plus complets.

« Ces phénomènes s'accusent d'une façon marquée
« durant le cours du traitement; mais dans la plura-
« lité des cas, il n'est pas rare de voir, à la fin de la
« cure, une diminution très manifeste des épanche-

« ments articulaires, une amplitude plus grande des
« mouvements empêchés au début et parfois même
« leur rétablissement complet. La seule chose que
« nous ayons toujours vu résister, ce sont les nodosi-
« tés constituant des lésions acquises du squelette
« et produites, dit M. Charcot, par des luxations
« plus ou moins complètes.

« A quoi sont dus ces résultats? Il est naturelle-
« ment, comme nous l'avons déjà dit plus haut, fort
« difficile de faire la part de ce qui revient à chacun
« des facteurs indiqués. A notre sens, l'excitation *ré-*
« *vulsive* que produit le bain de boues agit en modi-
« fiant le fonctionnement de la peau et en le ramenant
« à son état normal, en rétablissant la nutrition et
« tous les actes qui en dépendent, et par conséquent
« en hâtant la reprise des dépôts morbides dévelop-
« pés dans les parties molles, puissamment aidée, en
« tout cela, par l'action tonique et reconstituante de
« la douche froide.

Maladies justiciables des Eaux et Boues de Dax.

Après les détails dans lesquels nous venons d'entrer, nous croyons utile de nous occuper succincte-
ment de la mise en pratique des agents thérapeutiques dont dispose la station de Dax, car, quoique les
effets thérapeutiques ne soient pas des corollaires des
effets physiologiques, ils en dépendent cependant en
quelques points.

Les maladies qui sont tributaires des eaux et des
boues de Dax sont :

1. *Le rhumatisme*, sous toutes ses formes : articulaire, musculaire, nerveux ou fibreux.

2. *L'hydarthrose. — Les arthrites anciennes.*

3. *Les viscéralgies et névralgies d'origine rhumatismale ou essentielles* et spécialement les névralgies qui occupent les grands plexus et les principaux troncs nerveux (lombaire, sciatique, intercostal).

4. *Les névroses.*

5. *Les déformations articulaires, les désordres du mouvement produits par les luxations, les fractures, les entorses : les contractures et les atrophies musculaires.*

6. *Les ankyloses incomplètes.*

7. *Les ostéites chroniques et les tumeurs blanches* (lorsque cependant la carie et la suppuration ne sont pas trop avancées).

8. *Les blessures et plaies par armes de guerre et leurs conséquences.*

9. *Certaines formes de la chlorose et de l'anémie.*

10. *Les dermatoses*, principalement celles à formes sèches.

11. *Les affections des voies génito-urinaires chez l'homme et chez la femme, et spécialement chez celles-ci, les affections utérines.*

Pour ces dernières, en effet, M. le Dr *Gallard* (1) conseille les eaux de Dax dans les termes suivants. Etudiant le traitement *de la métrite chronique*, il dit : « En général, je conseille les eaux chaudes non minéralisées, que l'on pourrait appeler eaux médicina-

(1) GALLARD. — Leçons cliniques sur les maladies des femmes, 2e partie, page 749.

les naturelles amétalliques, comme celle d'Évaux,
de Néris, Plombières, Bains, Luxeuil, DAX, Ussat,
etc., etc., lorsque les phénomènes inflammatoires
sont encore très accusés et lorsque la réaction fébrile
persistant, paraît surtout devoir prendre une nouvelle
intensité à de certains moments, principalement au
retour des époques menstruelles. »

MM. les docteurs *Desnos* et de *Sinety* conseillent
ces eaux pour le traitement de la même maladie.

Quant à l'efficacité des boues dans certaines affections, voici ce qu'en pensait un de nos maîtres les
plus éminents.

« *L'illutation prolongée dans les boues, dit M. le*
« *professeur Gubler* (1), *rend de grands services dans*
« *les tuméfactions articulaires, les ankyloses, les ré-*
« *tractions musculaires et tendineuses aussi bien que*
« *dans les paralysies anciennes* ». Et plus loin : » *Au*
« *résumé, les paralysies consécutives aux maladies*
« *aiguës , paralysies hystériques, saturnines et les*
« *métalliques en général, ne peuvent que bénéficier de*
« *l'illutation prolongée dans les boues.* »

Les eaux et les boues de Dax sont encore expéri-
mentalement indiquées, alors que le *rhumatisme
goutteux* et la *goutte* se présentent à l'état chronique
et qu'ils ont déterminé ces états cachectiques à forme
anémique spéciale, atonie digestive et atonie générale.

De très beaux résultats sont encore obtenus dans

(1) *Journal de thérapeuthique*, année 1874 (de p. 451 à
551 et suiv.)

le *rhumatisme noueux déformant*, si commun chez la femme.

Tel est, en l'état, le cadre pathologique auquel peut répondre la station de Dax ; mais le cercle ira s'élargissant de plus en plus pour elle, car aux ressources déjà si considérables fournies par ses Eaux et ses boues, elle ajoute l'acti on des Eaux-mères, et l'influence d'un climat exceptionnellement favorable pour l'hivernage des malades atteints des maladies des voies respiratoires.

ÉTABLISSEMENT THERMAL DES BAIGNOTS
son ancienneté, son aménagement actuel.

Situé sur la rive gauche de l'Adour, à 400 mètres de la ville à laquelle il est relié par une belle promenade ombragée longeant le fleuve, l'*Etablissement des Baignots est le plus ancien de Dax, et c'est à lui que la station thermale doit sa réputation.*

Sa situation est des plus heureuses. Coquettement assis sur les bords de l'Adour, il est adossé à la colline qui domine le couvent des RR. PP. Lazaristes. Défendu l'hiver contre les vents dominants du pays, il est, pendant la belle saison, entouré d'une ceinture verdoyante qui le garantit des chaleurs de l'été.

Cotoyé par une allée d'ormes qui forme la promenade la plus suivie de Dax, une seconde allée de platanes le relie à la chapelle du couvent où les baigueurs sont admis.

La proximité de la forêt de Saint-Vincent, située à quelques mètres de distance, et *dont de prochains travaux vont transformer la partie la plus voisine en parc d'agrément*, permet au baigneur valide les plaisirs de la chasse, et l'Adour ceux de la pêche.

Enfin, un vaste jardin anglais, d'un hectare et demi de superficie, entoure (l'Etablissement. Des terrasses circulaires surélevées au-dessus du niveau des plus hautes eaux et disposées en promenoirs, mettent aujourd'hui complètement à l'abri des crues de l'Adour, et offrent au malade moins ingambe une promenade suffisante. Dans le parc s'élève un chalet rustique, dont une partie sert de café, et l'autre est affectée à un salon de lecture. Une chapelle est également à la disposition des baigneurs.

L'installation balnéo-thérapique comprend aujourd'hui :

1. Une grande salle hydrothérapique.

2. Trois salles particulières plus petites. (*Chacune d'elles est pourvue de tous les appareils aujourd'hui en usage et, chaque année, des perfectionnements nouveaux y sont apportés.*)

3. Huit piscines à boues, avec appareils de douches en jet et en arrosoir et baignoires séparées pour bains laveurs, à eau courante.

4. Une salle avec cabinets séparés pour douches ascendantes et bain de siège hydrothérapique, etc., etc.

5 Dix-huit baignoires en marbre ou en métal pour

bains minéraux simples ou additionnés d'eaux-
mères.

6. Trois *étuves naturelles*, avec douches en pluie
et en jet.

7. Une salle avec appareil pour applications locales ou générales, soit des vapeurs naturelles des sources, soit des vapeurs humides ou sèches, simples ou
résineuses.

8. Une salle avec appareils de humage et de pulvé-
risation des eaux minérales prises sur place ou trans-
portées.

9. Une buvette sulfureuse alimentée par la source
qui est adossée à l'établissement et captée avec le
plus grand soin.

10. Un cabinet *d'application électrique* avec appareils à courants induits et à courants continus.

11. Enfin, l'Etablissement comprend aussi une
« *installation complète d'hivernage en forme de Sa-
natorium* » pour les maladies de la gorge et de la
poitrine, avec chambres à coucher, salle à manger,
salon et promenoir couvert, chauffés au moyen de
vapeurs naturelles des sources.

Les environs des Baignots sont délicieux : ils for-
ment un paysage pittoresque qu'on aime à première
vue. D'un côté, la belle forêt de St-Vincent plantée
de chênes séculaires ; de l'autre, une promenade
charmante peuplée d'ormeaux à l'ombre desquels
les baigneurs aiment à se reposer et où l'on respire
un air pur et sain. Plus près de l'Etablissement, est
un bois appartenant aux Lazaristes au milieu duquel
s'élève la *Tour Observatoire de Borda* : du haut de

ce belvédère on jouit d'une perspective magnifique ;
rien ne peut être comparé à ce panorama : on y contemple, à vol d'oiseau, la belle vallée de l'Adour,
tandis que, d'un autre côté, le regard s'arrête ravi sur
les blanches Pyrénées.

L'administration de ce grand établissement, auquel
Dax doit son antique réputation, est confiée à un per-
sonnel exercé à la tête duquel sont les docteurs *Raillard* (d'Ozourt) et *Ch. Lavielle*. Ces Messieurs sont
toute la journée à la disposition des baigneurs, et
leur activité et leur intelligence si souvent mises à
contribution par de nombreux malades, affirment le
succès toujours croissant de cette station balnéaire.
M. le docteur Raillard est le propriétaire de l'établissement des Baignots, où il réside toute l'année.

Après les Baignots, on doit citer les *Thermes*, dans
lesquels on suit le même traitement qu'aux Baignots.

Les bains *Séris* possèdent également des sources
et des boues très efficaces.

Les bains *Saint-Pierre* situés dans les fossés au-
dessous des remparts, quoique aussi primitifs que
possible, méritent sans contredit leur bonne réputation.

En définitive, Dax est une station thermale des
plus riches que l'on fréquente de jour en jour davantage parce que les rhumatismes et les névroses
de toute sorte y sont, sinon guéris, du moins très
heureusement modifiés.

Espérons que le premier *Congrès national
d'hydrologie et de climatologie* qui se tiendra à Biarritz, au mois d'octobre 1886, distinguera dans les

stations dont il aura à reconnaître les excellents effets thérapeutiques, cette *importante station*, et qu'il n'aura qu'à citer les faits de longue date acquis, pour mettre en relief *les eaux et les boues* de Dax où tant de malades ont trouvé une guérison complète, et où tant d'autres, incurables, hélas ! ont été aussi améliorés que pouvaient le permettre des affections qui ne se guérissent pas.

Clermont (Oise). — Imprimerie Daix frères, place St-André, 3.

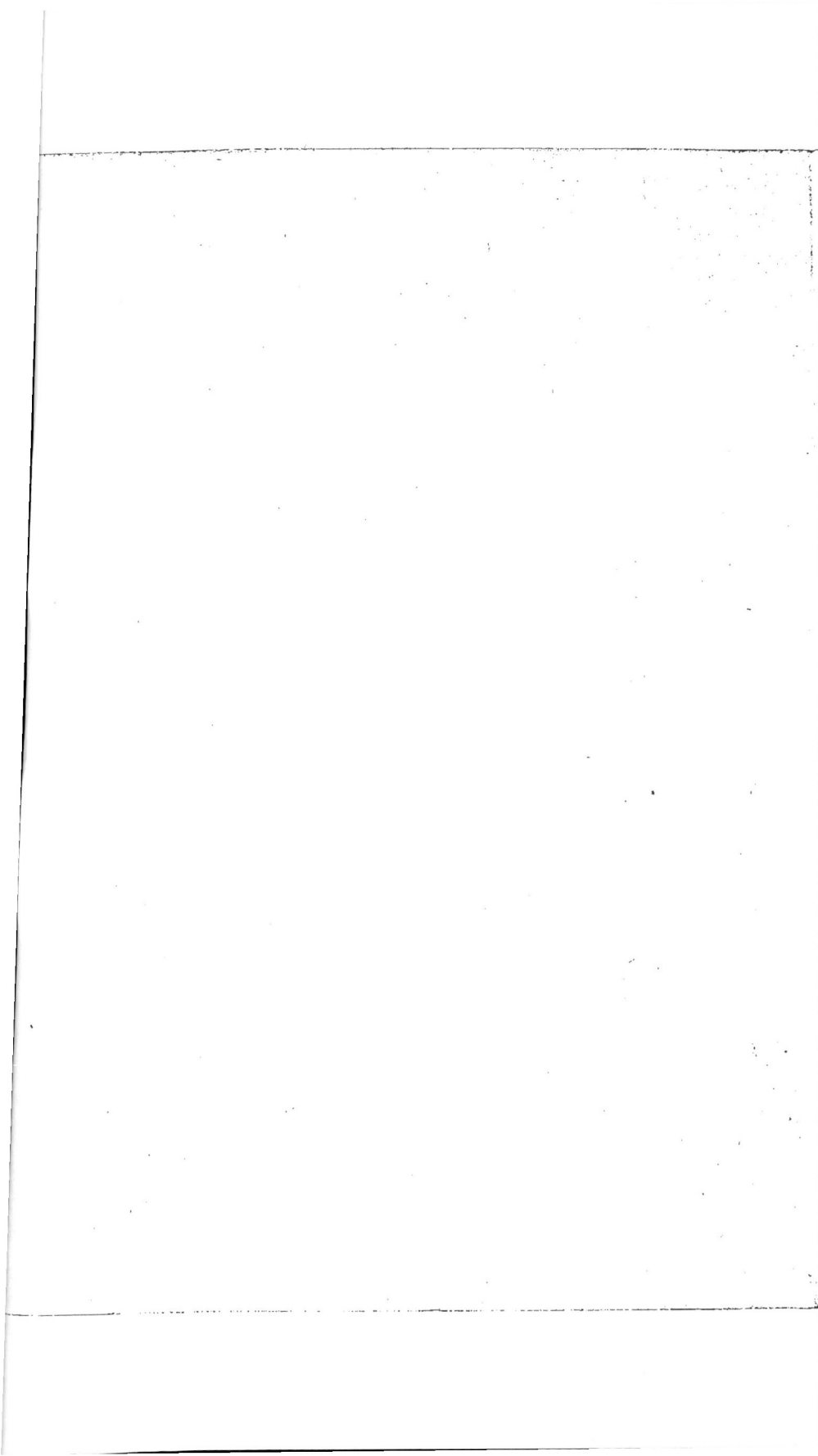

François 1er, roi de France

19412

ORDONNANCES
D'ABEVILLE,

SUR LE FAIT DE LA JUSTICE
ET ABREVIATION DES PROCE'S

AU PAYS DE DAUPHINÉ,

FAITES PAR LE ROY NOTRE SIRE,
Dauphin de Viennois, Comte de Valentinois
& Dyois.

*Publiées en la Cour de Parlement à Grenoble, le 9. jour
d'Avril 1540.*

Revûës de nouveau, & collationnées fur le
vrai Original.

Réimprimé,

A GRENOBLE,
Chez ANDRE' GIROUD, Imprimeur-Libraire de Noffeigneurs
de Parlement, à la Salle du Palais.

M. DCC. L.

ORDONNANCES
D'ABEVILLE.

RANCOIS par la Grace de Dieu, Roy
de France, Dauphin de Viennois,
Comte de Valentinois et Dyois : A
tous préfens & avenir, Salut. Comme nos Prédéceffeurs
Rois, & Nous, ayons par grande & meure délibération des
Seigneurs & Princes de notre Sang, & autres Gens de notre
Confeil, fait plufieurs Conftitutions, Statuts & Ordonnances, tant pour le repos & tranquillité de nos Sujets, que
pour l'inftruction, abréviation & décifion des Procès &
différends qui fourdent & fe meuvent chacun jour entre nofdits Sujets : lefquels Statuts, Conftitutions & Ordonnances,
nofdits Prédéceffeurs & Nous ayons voulu, entendu & ordonné être gardées & obfervées, tant en notredit Pays de
Dauphiné, Comté de Valentinois & Dyois, qu'és autres
parties & endroits de notredit Royaume. Ce néanmoins
notre Procureur Général en notre Cour de Parlement de
notredit Pays de Dauphiné, Nous a fait dire & remontrer,
que nofdites Conftititutions & Ordonnances ne font aucunement gardées en icelui Pays de Dauphiné, Comté de Valentinois & Dyois; d'où procédent grande longueur & invo-
lution de Procèsretardation de Juftice, frequence de violences, crimes, & délicts, & autres inconvéniens, au grand
dommage & interêt de Nous & de nofdits Sujets d'icelui
notre Pays. Sçavoir faisons, que nous défirans notredit
Pays de Dauphiné, Comté de Valentinois & Dyois être
réduit, régit & gouverné par mêmes Loix, Statuts & Ordonnances, que les autres parties & endroits de notredit

Royaume, & que nos Sujets en notredit Pays de Dauphiné ne demeurent plus longuement fruſtrés du bénéfice & fruit d'icelles nos Ordonnances, par l'avis & délibération des Seigneurs & Princes de notre Sang, & autre Gens de notre Conſeil, avons ſtatué & ordonné, ſtatuons & ordonnons de notre propre mouvement, certaine Science, pleine Puiſ-ſance & Autorité Royale, Dalphinale, par ce préſent, perpétuel & irrévocable Edit, comme s'en ſuit.

Des Préſidens & Conſeillers en notredite Cour de Par-lement de Dauphiné.

Avant de recevoir aucun Office de Conſeiller, il ſera examiné,

REMIEREMENT, Ordonnons, que quand aucun ſera par Nous pourveu d'Office de Conſeiller en notredite Cour, il ſoit (par icelle duement aſſemblée & ſéant) examiné ; & s'il eſt trouvé ſuffi-ſant & idoine pour ledit Office exercer, ſera procédé par notredite Cour, à la réception & inſtitution d'icelui, & s'il n'eſt trouvé ſuffiſant & idoine, ne ſera par icelle reçeu, ains nous en avertira notredite Cour, pour y pourvoir d'autre perſonne idoine & ſuffiſant, ainſi que Nous, pour le devoir de Juſtice ſommes tenus de faire.

Le ſerment que feront les Conſeillers & Juges, avant qu'être reçus ès Offices.

2. Que dorénavant les pourvus deſdits Offices de Conſeillers en notredite Cour de Parlement, ou d'autres Officiers de Judicature, auparavant qu'ils ſoient reçus, ſeront tenus prêter ſerment, qu'ils n'ont baillé ni fait bailler, par eux ni autres, directement ou indirectement, à perſonne quelconque, Or ni Argent, ni autre choſe équipolant, pour avoir leſdits Offices, tant pour leur avoir réſigné, que pour en être pourvus, en quelque ſorte & manière de vacation que ce ſoit.

De n'obtemperer aux Lettres du Roi à la réception deſd. Offices, par ſurpriſe.

3. Et ſi par ſurpriſe, ou autrement, Lettres en étoient icellées, Défendons aux Gens tenans notredite Cour de Parlement, & autres qu'il appartiendra, que par quelque Commandement & Lettres itératives que puiſſent obtenir de Nous leſdits pourvus, ni obéïr ni obtemperer, ſelon les Ordonnances de nos Prédéceſ-ſeurs Rois, & de Nous.

Faire Regiſtrer des réceptions & inſtitutions deſdits Officiers.

4. Enjoignons à notredite Cour, faire faire régiſtre à part deſdites réceptions & inſtitutions de Conſeillers & autres Officiers, dont les Lettres de proviſion ſeront adreſſantes à notredite Cour, & en icelui faire enrégiſtrer les Lettres d'Office & ſerment ſuſdit.

Les pourvus des Offices feront tenus communiquer leurs Lettres aux Gens du Roi, avant leur réception.

5. Auparavant la réception du ferment & inftitution defdits pourvus, feront leurs Lettres de provifion communiquées à notre Procureur Général, pour remontrer verbalement, ou par écrit, ce qu'il verra être à faire pour le bien de Juftice.

Le Père, Fils, deux Frères, Coufins, Oncle & Neveu, ne feront reçus en Office de Confeiller.

6. Ordonnons, qu'en notredite Cour de Parlement, le Père & le Fils, les deux Frères, les deux Coufins germains, l'Oncle & Neveu, *(etiam ex fratre aut forore,)* & le Beau-père & Gendre, ne pourront être reçus, attendu le petit nombre, & qu'ils jugent tous en une Chambre.

Jour auquel le Parlement doit commencer.

7. Que tous nos Préfidens & Confeillers fe trouvent le troifième de Novembre, par Nous ordonné pour commencer à faire l'entrée de notredite Cour de Parlement, fans y faire faute, fur la peine contenue en nos Ordonnances.

Que les Préfidens & Confeillers ayent à fe trouver ledit jour au Parlement.

8. Et que quelques Lettres Miffives qu'écriront à nofdits Préfidens & Confeillers, pour les faire demeurer & retarder après ledit troifième jour de Novembre, ou aller en commiffion durant ledit Parlement pour les Parties, ils ne contreviennent à la préfente Ordonnance ; & que fous ombre d'icelles ils ne puiffent alléguer ni prétendre excufation légitime.

Enquêtes & exécutions d'Arrêts, déclarés nuls, & pour l'abfence des Préfidens & Confeillers.

9. En déclarant les Enquêtes, Exécutions d'Arrêts, & autres Exploits faits par nofdits Préfidens & Confeillers, durant ledit tems (en contrevenant à nos Ordonnances fous ombre de nofdites Lettres Miffives) nuls & de nul effet & valeur, fauf à la Partie pour laquelle lefdits Préfidens ou Confeillers auroient travaillé, de pouvoir agir contre icelui qui auroit vaqué pour fes dommages & intérêts.

Deffenfes aux Greffiers ne figner aucunes Commiffions à nos Préfidens & Confeillers durant leur abfence.

10. Et en outre, enjoignons aux Greffiers de notredite Cour, ne délivrer ni figner aucunes commiffions ès cas fufdits à nos Préfidens & Confeillers, fur peine pour la première fois, de fufpenfion de leur Office pour un an, & pour la feconde, de privation d'Office.

Heure en laquelle les Préfidens & Confeillers entreront en la Cour.

11. Ordonnons que lefdits Préfidens & Confeillers entreront depuis le troifième jour de Novembre, qu'on commencera ledit Parlement, jufqu'à Pâques, à fept heures au matin, & y demeureront jufques à dix, & depuis Pâques jufques à vacations, à fix heures du matin jufques à neuf, & ne feront contraints y entrer plûtôt, ni fortir plus tard, attendu qu'ils font tenus chacun jour y entrer les après dîner, entre deux & trois, jufques à cinq.

Préfidens & Confeillers ne fortiront de la Cour fans caufe.

12. Lefquels ainfi affemblés n'en pourront partir jufques à la levée d'icelle

Cour, fi ce n'étoit pour maladie, vielleffe, ou autre inconvénient : Et fi aucuns
étoient coûtumiers de faire le contraire, Voulons qu'ils foient punis par privation
de leurs gages, fufpenfion de leurs Offices, ou autrement, ainfi que notredite
Cour arbitrera.

Préfidens & Confeillers ne fe pourront abfenter fans congé de la Cour.

13. Et pour ce qu'il avient que par maladies des Pères & Meres, & Succeffions
échuës à nofdits Préfidens & Confeillers, ou autres caufes raifonnables touchant
leurs affaires particuliéres, nofdits Préfidens & Confeillers font contraints quelque-
fois eux abfenter, & aller hors notredite Cour : Ordonnons que ce faire ne pourront, finon par licence & congé de notredite Cour, laquelle leur arbitrera le délai
plus bref que faire fe pourra pour leur retour, felon l'exigence du cas, fur quoi
Nous en chargeons la confcience de notredite Cour, laquelle fera faire regiftre
dudit congé.

Préfidens & Confeillers vaqueront à l'expédition des Procès.

14. Voulons qu'incontinent après que nofdits Préfidens & Confeillers feront
entrés, qu'ils vaquent aux affaires & matiéres dudit Parlement, fans qu'ils entendent à autre chofe, & deffendons que depuis qu'ils feront entrés, ils, ou aucuns
d'eux, ne fe lévent pour aller parler, ou confeillier avec l'autre, de quelque
chofe que ce foit, finon par l'Ordonnance de notredite Cour, ne auffi pour
tournoyer ni vaquer parmi le Palais, foit és jours de Plaidoyerie ou de
Confeil.

Décrét de commiffion fera fait par le Préfident, ou par le plus ancien Confeiller.

15. Deffendons à tous les Confeillers de notredite Cour, que dorénavant
ils n'ayent à faire aucun décret de commiffion ; ains Voulons qu'il foit fait de
la main de celui de nofdits Préfidens, qui pour lors préfidera, à tout le moins
fouffigné par lui, ou par le plus ancien Confeiller en l'abfence de nofdits Préfidens.

Commiffions diftribuées par les Préfidens.

16. Et fi le Confeiller, à qui la Commiffion feroit ainfi diftribuée, étoit tellement occupé qu'il n'y peut, ou ne voulut aller, il ne la pourra bailler à autre, ains
fera diftribuée par le Préfident comme deffus.

Les Confeillers ne pourront bailler à autres les Procès à eux diftribués, ains les mettront au Greffe.

17. Deffendons à nofdits Confeillers, fur peine pour la premiére fois, de fufpenfion de leur Office pour trois mois, & pour la feconde de privation d'iceux,
que des Procès qui leur feront diftribués par les Préfidens, & dont ils feront chargés
au Greffe, ils ne s'en faffe aucunement décharger, & ne les baillent à aucuns autres
Confeillers, mais les remettent audit Greffe pour être diftribués, comme dit eft, à
autre non-fufpect.

Les Réponfes des Requêtes feront écrites par le Greffier, fans en prendre aucun falaire, & y mettra datte & fignature.

18. Les Réponfes des Requêtes qu'on préfentera à notredite Cour de Parlement,
feront dorénavant écrites par le Greffier, felon qu'il fera ordonné par notredite
Cour, & prononcé par la bouche de celui qui préfidera, & non de la main defdits
Confeillers, ni de leur Ordonnance, fans aucune chofe en prendre, foit par lefdits

Confeillers, ne par ledit Greffier, pofé ores que volontairement leur fût pour ce offert quelque chofe, & mettra ledit Greffier efdites Réponfes, datte & figna-ture.

La Cour féant aura femblable puiffance que nos autres Cours de Parlement.

19. Et à celle fin que dorénavant l'on fçache de quelles matiéres, & comme notredite Cour de Parlement devra connoître, en fuivant l'éreétion & inftitution d'icelle: Nous déclarons qu'icelle féant, elle pourra faire Arrêt en toutes matiéres, dont elle aura connoiffance, en telle forte & maniére que nos autres Cours de Par-lement de notre Royaume.

Caufes dont la Cour de Parlement a connoiffance.

20. Et font les Caufes de notredite Cour de Parlement a connoiffance, à fçavoir, des caufes & matiéres appellatoires des Sentences des Juges inférieurs, en tous cas par ordre, finon en cas d'abus & matiére criminelle, felon nos derniéres Ordonnances, où par appel on viendra immédiatement en notredite Cour de Par-lement.

Cas lefquels la Cour fera tenue renvoyer au Juge moyen.

21. Et fi en autre cas eft appellé à ladite Cour (*omiffo medio*) icelle notre Cour fera tenuë faire renvoy au Juge moyen qui fera delaiffé, finon en cas que notredite Cour voye que la matiére requiere qu'elle foit retenuë: Auquel Voulons qu'elle le puiffe faire, de quoi en chargeons leur confcience: Et fi ladite Cour connoît aucu-nes fautes aufdits Juges, les pourra punir & condamner en amende, felon qu'elle verra être à faire par raifon.

Caufes defquelles la Cour connoîtra en premiére inftance.

22. Connoîtra notredite Cour de Parlement en premiére inftance des Pré-lats, Chapitres, Comtes, Barons, Villes, Communautés, Echevins, & autres qui par privilége ou ancienne coûtume, ont accoûtumé être traités en ladite Cour de Parlement.

La Cour en premiére inftance a la connoiffance des Droits de Régale,
Archevéques, Evéques, Chapitres, Communautés, &c.

23. Et des caufes en premiére inftance de notre Domaine, de nos Droits, de nos Régales, des Droits des Archevêchés, Evéchés, Chapitres, Abbayes, & auffi des Commanderies de S. Jean de Jerufalem, des Comtes, Baronnies, Villes, Com-munautés, & autres qui par privilége ou ancienne coutume & ufance, ont leurs caufes commifes & accoutumées d'être traitées en premiére inftance, dont & felon que nos autres Cours de Parlement ont accoutumé de reconnoître en premiére inftan-ce, felon les Ordonnances données du Roi Charles VII. & de nos Prédéceffeurs, & auffi de celles qui par nos Lettres Patentes y feront commifes, & qui feront de la qualité fufdite, & fera en la faculté des pauvres & miférables perfonnes de fe pourvoir (*reéta*) en la Cour.

La Cour connoît des excès, crimes, & déliéts, & du falaire des Officiers
de Parlement.

24. Et des caufes en premiére inftance, des excès, crimes & déliéts commis dedans l'enclos du Palais de ladite Cour de Parlement, & du falaire des Huiffiers, & Concierges, Avocats & Procureurs d'icelle notre Cour.

En maniére de Pareatis nul ne pourra être extrait hors du Parlement,
fans ouir le Procureur du Roi.

25. Auffi des matiéres de *Placet*, attachés au *Pareatis*, qu'on dit anexés pour

faire extraire aucune perfonne hors le Pays, contre le privilége, ou pour mettre à exécution quelques Lettres venans de dehors dudit Pays, ou autremeut pourra toutefois être donnée annexe pour faire extraire aucune perfonne hors dudit Pays, fans oüir notredit Procureur, & s'il eft contredifant, qu'il foit fait droit fur ce, la Cour duement affemblée.

La Cour en premiére inftance ne prendra connoiffance de Lettres Obligatoires.

26. N'entendons que notredite Cour de Parlement prenne connoiffance en premiére inftance d'aucunes Lettres Obligatoires, encore qu'en icelles eut expreffe fubmiffion à ladite Cour.

La Cour prendra connoiffance des Crimes, defquels la connoiffance appartient aux Baillifs, ou autres Juges.

27. Ni auffi d'aucunes caufes criminelles, dont la connoiffance appartient, ou doit appartenir à nos Baillifs & Sénéchaux, ou à autres Juges de notredit Pays de Dauphiné, ains voulons qu'elle les renvoye pardevant lefdits Juges, finon que pour grande & évidente caufe, notredite Cour en retint la connoiffance, dont Nous en chargeons leur confcience.

La Cour ne prendra en premiére inftance, la connoiffance des matiéres Bénéficiales.

28. Défendons à notredite Cour de Parlement ne prendre ni retenir la connoiffance en premiére inftance des matiéres Bénéficiales: Et voulons que le poffeffoire d'icelles foit agité, conduit & décidé en premiére inftance pardevant nos Baillifs & Sénéchaux de notredit Pays de Dauphiné, ou leurs Lieutenans en leurs Siéges principaux.

Les matiéres Bénéficiales feront traitées devant les Juges chacun en fon Siége.

29. A fçavoir, à Vienne pour le Diftroit & Reffort du Siége de Viennois, & de la Terre de la Tour; à Grenoble, pour le Diftroit & Reffort des Siéges de Grenoble & de S. Marcellin; & auffi pour la Ville & Mandement de Grenoble, à Ambrun pour le Diftroit & Reffort des Siéges d'Ambrun & de Briançon, & de la Ville & Mandement dudit Ambrun; à Gap pour le Diftroit & Reffort des Siéges de Gap & de Buis, & de la Ville & Mandement de Gap; à Montelimar pour le Diftroit & Reffort des Siéges de Montelimar & de Creft-Arnaud, enfemble des Villes & Mandemens de Valence, Die & Orange.

Graces & Remiffions feront adreffées à la Cour de Parlement.

30. Et quant aux Graces & Remiffions, elles feront adreffées à ladite Cour de Parlement, quand lors de l'impétration les caufes y feront pendantes ou dévoluës, ou finon aux Juges Provinciaux, Royaux ordinaires des caufes & des Parties, quant-aux matiéres pendans pardevant eux, & quant-aux Juges non Royaux, les Graces & Remiffions feront adreffées à ladite Cour de Parlement.

Vaquer à l'expédition des Procès durant le tems de vacations.

31. Ordonnons, qu'en notredite Cour de Parlement durant les Vacations, l'un de nos Préfidens avec le nombre de cinq Confeillers, dont les quatre feront Laiz & l'autre Clerc, pourront vaquer à l'expédition des Procès, tant criminels que civils, pendans en notredite Cour, répondre Requêtes, & faire autres expéditions de Juftice.

Jugemens

Jugemens donnés durant les Vacations feront exécutoires.

32. Et les Jugemens qui par eux feront donnés, jufques à la fomme de trente
livres tournois de rentes, fix vingt-livres tournois pour une fois, & cinquante livres
tournois en bénéfice : Avons authorifé & authorifons, ainfi que s'ils étoient donnés
le Parlement féant : leur enjoignons toutesfois vaquer préalablement, & avant tous
autres Procès, à l'expédition des matiéres criminelles, le plus diligemment que
faire fe pourra.

Préfidens, Confeillers & autres Officiers, auront leurs caufes commifes
pardevant le Baillif de Viennois.

33. Voulons que nos Préfidens, Confeillers, Avocats & Procureur Général en
notredite Cour, & aufli les Préfidens & Auditeurs de notre Chambre des Comptes,
Greffiers, Secretaires & Huiffiers defdites Cours de Parlement & Chambre des
Comptes, ayent leurs caufes commifes pardevant notre Baillif de Viennois ou fon
Lieutenant en fon Siége de Grenoble.

Défenfe aux Officiers, qu'és lieux où y a droit de Régale, ne tenir
main forte, fi ce n'eft és places limitrofes.

34. Défendons à tous nos Officiers, qu'és Archevêchés, Evêchés, Abbayes,
Prieurés, & autres Bénéfices de notredit Pays de Dauphiné, efquels n'avons droit
de Régale ou de garde, ils ne fe mettent dedans, ni és places fortes, finon és places
fortes qui feroient affifes és fin limitrofes, dont inconvénient en pourroit avenir à
Nous, & à notredit Pays, felon eft ainfi qu'il leur fera commandé & enjoint par
Lettres Patentes, qui leur feront de par Nous envoyées, fuivant lefquelles, & en
icelles exécutant ils mettront en notre main les places fortes defdits Bénéfices, & non
autrement.

Officiers Royaux ne pourront prendre aucuns fruits pour la garde &
tuition des Bénéfices, ains fe retireront par devers le Chancellier pour
leurs falaires.

35. Auquel cas nofdits Officiers ne pourront, pour la garde ou tuition defdites
places, prendre aucune chofe des biens & fruits defdits Bénéfice, fur peine de
privation de leurs Offices, reftitution defdits fruits & biens, avec dépens, dommages & intérêts, mais fe pourront tirer par devers Nous, ou notre Chancellier, pour
leur faire taxation de leur vacation, s'il y échoit.

Défenfes à toutes perfonnes ne tenir les Bénéfices par force, fi ce n'eft à
ceux lefquels auront Sentence ou Jugement.

36. Défendons à tous Nobles & autres perfonnes privées, qu'ils ne fe mettent
ou entrent dedans lefdits Bénéfices, fur peine d'être punis comme facrilèges, &
commettans force privée & publique ; toutesfois, n'entendons par ce priver les
prétendans droit de garde efdits Bénéfices vacans, lefquels auroient obtenu Sentence ou Arrêt fudit droit, mais voulons qu'ils jouiffent, en enfuivant lefdites Sentences ou Arrêts.

Ceux qui n'auront obtenu Sentence ou Arrêt fur le Droit de Garde, ne
fe pourront mettre és Bénéfices.

37. Et quant eft des autres prétendans ledit droit de garde, qui n'auroient obtenu lefdites Sentences ou Arrêts touchant ledit droit, ne pourront eux mettre ni
entrer efdits Bénéfices, de leur propre autorité, combien qu'ils fuffent en poffeffion
d'icelui droit, mais audit cas pourront eux retirer par devers Nous & notre Chan-

B

cellier, pour leur être pourvû de remède de Justice, comme de raison, & par Lettres adressantes à nos Juges ordinaires.

L'ancienne coutume, touchant la confection des inventaires demeurera en sa vertu.

38. Les Loix, Ordonnances, & louables coutumes concernans le fait de la confection des Inventaires des biens meubles, étant dedans lesdits Bénéfices, tant de la Jurisdiction Ecclésiastique que temporelle, demeureront en leur force & vertu.

Le Juge plus prochain fera les inventaires és Bénéfices.

39. N'entendons, toutesfois, que nosdits Présidens, ni autres de nos Conseillers de notredite Cour de Parlement, fassent aucun voyage, ne vaquent à la confection desdits inventaires : ains quand aviendra lesdits inventaires devoir être faits par Nosdits Officiers, Voulons, pour obvier à grand frais, iceux inventaires être faits par notre Juge plus prochain, ressortissant sans moyen en notredite Cour.

Faire les réparations aux Bénéfices, appellé le titulaire.

40. Et quand notre Procureur Général sera averti qu'il y aura faute de réparations aux Bénéfices, ou que le Service Divin n'y seroit entretenu & continué, il pourra bailler Requête à notredite Cour pour avoir commission adressante à plus prochain Juge, pour informer des ruines & autres fautes, visiter les lieux par gens à ce connoissans : pour (lesdites informations & rapport de ladite visitation vûs, & notredit Procureur & le titulaire & possesseur du Bénéfice ouys) être pourveu ausdites réparations, & autres fautes comme de raison.

Défense de non exercer Jurisdiction, sans congé du Roi, ou de la Cour de Parlement.

41. Défendons à nosdits Présidens & Conseillers, de n'entreprendre ni exercer particuliérement aucun Acte de Jurisdiction, sans expresse commission de nous ou de notredite Cour de Parlement, sur peine de privation de leurs Offices.

Conseillers pour leur absence, mettront au Greffe les petits Procès incidens & informations qu'ils auroient par devers eux.

42. Enjoignons à nosdits Conseillers, que si pour aucunes causes ils partent de notre Ville de Grenoble pour demeurer plus de huit jours, ils mettent au Greffe toutes les informations, petits Procès & incidens qu'ils auroient par devers eux, sur peine d'être suspendus de leurs Offices par tel tems que la Cour verra être à faire selon l'exigence des cas, & de recouvrer sur eux les dommages & interrêts que les Parties auroient soufferts à cause de la rétention desdites informations, petits Procès & incidens.

Procès par écrit, dont le Jugement est poursuivi, seront vuidés selon l'ordre du tems.

43. Ordonnons, que notredite Cour de Parlement juge les Procès par écrit, dont le jugement est poursuivi selon l'ordre du tems de la réception dont il sera fait rolle, qui sera publié & attaché au Greffe de trois mois en trois mois, auquel seront rayés par le Greffier ceux qui seront jugés incontinent après le jugement conclu & arrêté.

D'observer la présente Ordonnance.

44. Et voulons cette présente Ordonnance être gardée étroitement, sans y

faillir ne méprendre en quelque manière que ce foit, Ordonnons néanmoins à notre Procureur Général d'y avoir l'œil, & la faire garder fur peine de s'en prendre à lui, & nous avertira incontinent de la faute qui y fera faite pour y pourvoir comme il appartiendra.

Défenfe aux Préfidens & Confeillers ne folliciter les Procès pendans en la Cour.

45. Nous défendons à tous nofdits Préfidens & Confeillers, de ne folliciter pour autrui les Procès pendans en icelle notre Cour de Parlement, où ils font nos Officiers, & n'en parler aux Juges directement ou indirectement, fur peine de privation de l'entrée de la Cour & de leurs gages pour un an, & d'autre plus grande peine s'ils y retournent, dont nous voulons être avertis, & en chargeons notre Procureur Général fur les peines que deffus.

Préfidens & Confeillers en jugeant les Procès ne s'occuperont à autre chofe faire.

46. Leur défendons pareillement, que durant les expéditions, rapports & jugemens des Procès, ils ne s'occupent à decréter Requête, taxer dépens, voir autres Procès, parler l'un à l'autre, ni autre chofe qui les puiffe garder d'entiérement entendre les matiéres defdits Procès & affaires, fur peine de perdition de leurs gages à tel tems que la Cour verra être à faire, mêmement fur ceux qui feroient coutumiers de ce faire : Et de ce chargeons nofdits Préfidens de les y faire entendre & mettre tel ordre qu'en rapportant lefdits Procès ils foient tous attentifs, fans tenir propos les uns aux autres.

Les Procès mis fur le Bureau foient expédiés.

47. Voulons que quand aucun Procès de longue vifitation fera mis fur le Bureau, il foit décidé fans être interrompu, & fans en mettre d'autres qui puiffent retarder l'expédition dudit Procès.

Que les Confeillers en leurs extraits mettent les principaux faits des enquêtes.

48. Et feront tenus nofdits Confeillers en leurs extraits mettre la fubftance des principaux faits des enquêtes, fans les mettre par relation au Procès, à ce que s'il eft queftion, en opinant, de retourner aufdits faits, de pouvoir recourir à l'extrait vérifié, fans retourner à l'enquête.

Confeillers, en jugeant les Procès, n'allégueront autres faits que ceux propofés par les Parties.

49. Défendons à nofdits Préfidens & Confeillers, qu'en jugeant aucun Procès ils ne difent ni propofent aucuns faits, foit à la loüange ou vitupere des Parties, ou de l'une d'icelles, ou de la matiére de quoi on traite, ni autres faits que les faits propofés par les Parties.

Défenfe aux Confeillers ne fréquenter avec les Parties defquels ils ont les Procès.

50. Et leur enjoignons, qu'ils s'abftiennent (au regard des Parties ayans Procès en notredite Cour de Parlement) de toutes communications par lefquelles on puiffe prendre quelque vrai femblable préfomption de mal, mêmement de tous dînés & convis qui fe feront au pourchas defdites Parties.

Défenfe aux Confeillers ne prendre des Parties aucuns Dons ni Préfens.

51. Et leur défendons de ne prendre ni recevoir par eux, leurs gens ou familiers,

A ij

directement ou indirectement, aucuns Dons ou Préfens des Parties, autrement qu'il n'eſt permis de droit, fous quelque efpèce que ce foit, foit de viandes, vins, ou autres chofes, fur peine d'être punis felon l'exigence des cas, & tellement que ce foit exemple aux autres.

Punir les Parties faifans Dons & Préfens.

52. Voulons, que fi aucuns ayans Procès en notredite Cour de Parlement, ou és Cours inférieures d'icelle, fait par foi directement ou indirectement, ou par fes Avocats, Procureurs, Solliciteurs, ou autres médiateurs, aucuns dons ou promeffes, non permis de Droits aux Juges, ou à aucuns d'eux, pour jugement, retardation ou expédition des Procès, il foit privé de fon droit; & d'avantage, très-étroitement puni d'amende arbitraire, felon l'énormité & grandeur des cas & qualité des perfonnes & Procès.

Pour les Avocats, Procureurs & Solliciteurs, faifans tels Dons.

53. Sinon que celui qui auroit baillé & donné quelque chofe contre cette préfente Ordonnance, avant qu'il foit accufé, le vint revéler à Juſtice; auquel cas il foit remuneré, fi la chofe eſt averée. Et quant-aufdits Avocats, Procureurs, Solliciteurs, & autres médiateurs quelconques, d'être déclarés à jamais inhabiles à tenir Offices, mêmement de judicature, & autres concernans Juſtice, & punis de peine arbitraire, felon l'énormité & exigence des cas & qualité des perfonnes, comme deffus eſt dit.

Defenfe aux Confeillers de ne prendre des Parties aucune chofe fous ombre de leurs falaires.

54. Ne prendront nos Confeillers, de leur autorité, fous couleur de leurs falaires, ou autrement, aucune chofe des Parties; & s'il y avoit chofe ou écheut quelque taxation, il fera préalablement fait & ordonné par notredite Cour, & la taxation mife au Greffe, pour être baillée par les mains du Greffier à celui qu'il appartiendra.

Du falaire des Préfidens & Confeillers allans en commiſſion.

55. Défendons à nofdits Préfidens & Confeillers, allans en commiſſion pour les Parties, ne prendre aucune chofe defdites Parties outre leur falaire ordinaire, lequel avons déclaré & déclarons être, fçavoir eſt, pour les Préfidens, és commiſſions, ou par l'Ordonnance ils peuvent aller, fix livres quinze fols tournois par jour; furquoi ils feront tenus faire leurs dépens, fans les pouvoir prendre ni recevoir d'ailleurs, ores qu'iceux dépens leurs fuffent librement offerts.

Pour un même tems & voyage ne prendront qu'un falaire.

56. Et ne prendront, pour un même voyage & un même tems, qu'un falaire feulement; fur peine de recouvrir fur eux lefdites chofes par eux contre la préfente Ordonnance prife, privation d'Office, & autres grandes peines, telles que le cas le requerra.

Préfidens & Confeillers, allans en commiſſion prendront fur les lieux, Ajoint, Greffier & Sergens.

57. Que nofdits Préfidens, Confeillers, & autres Juges allans en commiſſion, ne méneront avec eux Greffier, Ajoint, Huiſſier, Sergent, ni autres perfonnes non néceſſaires, aux dépens des Parties, & prenans falaire d'icelles; ains les prendront fur les lieux: finon que les Parties l'euffent accordé, & ainfi le vouluffent.

Défense à la Cour ne créer aucuns Officiers.

58. Défendons à notredite Cour, de ne créer aucuns Notaires, Sergens, ni autres Officiers, ne s'entremettre de pourvoir d'aucuns Offices vacans ; ains voulons, la vacation occurrant, y être pourvû par Nous, & notre Amé & Féal Chancellier, felon nos anciennes Ordonnances.

Tous Officiers créés avant la publication des préfentes., ayent dans trois mois Lettres de provifion.

59. Et quant-à ceux qui par ci-devant ont été pourvus d'aucuns de nos Offices par notredite Cour de Parlement ; leur enjoignons, que dedans trois mois après la publication des préfentes ils prennent Lettres de provifion d'iceux Offices, de Nous, ou de notredit Amé & Féal Chancellier, & en défaut de ce faire déclarons dès à préfent lefdits Offices vacans & impétrables.

Réduire les Notaires & Sergens à nombre certain.

60. Ordonnons, que les Notaires & Sergens, en notredit Pays de Dauphiné, feront réduits à nombre convenable ; pourquoi faire & exécuter, fera par nous décernée & baillée commiffion.

Officiers feront examinés avant leur réception.

61. Voulons, que ceux qui feront par Nous pourvus d'aucuns Offices, foient auparavant leur réception, examinés par ceux aufquels les Lettres de provifion feront adreffées, qui feront reçus, s'ils font trouvés fuffifans & capables : Autrement, feront déboutés purement & fimplement, fans les recevoir, en leur interdifant l'exercice à certain tems. Et ne fera, pour lefdits examens & réception pris aucune chofe.

La fomme de fix cent livres tournois ordonnée pour l'expédition des délicts & crimes.

62. Et afin que la pourfuite des délicts & autres matiéres ci-après déclarées qui furviennent en notredite Cour de Parlement, ne demeure en arrière par faute de fournir au frais néceffaires : Avons ordonné & ordonnons la fomme de fix cent livres tournois, au deffous par chacun an, à prendre fur le Receveur Général dudit Pays, & fur les deniers qui proviendront des amandes de ladite Cour.

Défense de n'employer ladite fomme finon pour la pourfuite des crimes & confifcations, &c.

63. Laquelle fomme de fix cent livres tournois, & au deffous, ainfi par Nous ordonnée pour les frais de Juftice, voulons être convertie & employée à faire la pourfuite des délicts des Procès de notre Domaine, des confifcations & de tous autres affaires, efquels notre Procureur Général eft & fera partie principale, fans qu'aucune part d'iceux deniers puiffe être employée ailleurs en maniére que ce foit, fur peine de les recouvrer fur ceux qui feroient contrevenans à la préfente Ordonnance.

Ladite fomme fera diftribuée par Ordonnance de la Cour, appellé le Procureur Général.

64. Et fera la diftribution defdits deniers faite par Ordonnance de notredite Cour, fignée par celui de nos Préfidens qui préfidera & l'un de nos Confeillers, les parties des frais dont fera queftion préalablement communiquées à notre Procureur Général, qui pourra verbalement ou par écrit, remontrer ce que bon lui femblera pour le dû de fon Office ; & s'il eft contredifant, qu'il foit fur ce fait droit.

Défenfe à la Cour ne difpofer des amandes adjugées au Roy.

65. Défendons à notredite Cour de Parlement de ne difpofer aucunement, ni ordonner des amandes à nous adjugées par icelle Cour, ou par autres nos Juges inférieurs d'icelle.

Le Receveur des amandes fera recepte entiére d'icelles.

66. Enjoignons & commandons au Receveur d'icelles amandes, en faire entiére recepte ; & fi par Ordonnance de ladite Cour il eft fait aucune dépenfe, ne voulons lui être allouée en fes comptes ; à laquelle reddition de compte voulons notredit Receveur être contraint par les Gens de notre Chambre des Comptes en notredit Pays de Dauphiné.

Greffier mettront les amandes par écrit chacun mois.

67. Enjoignons auffi & commandons au Greffier de notredite Cour de Parlement, & de chacun de nos Sièges en notredit Pays de Dauphiné, de mettre icelles amandes par état chacun mois ; & les bailler, le dernier jour dudit mois à notredit Receveur qui en tiendra compte felon ledit état.

Quatre cent livres tournois ordonnés pour les ménus affaires de la Cour.

67. Voulons & ordonnons être fourni de nos deniers jufques à la fomme de quatre cent livres tournois pour les Chandelles, Bois, Buvettes, Papier, Ancre, & autres néceffités de notredite Cour de Parlement, laquelle fomme de quatre cent livres tournois fera prife fur les deniers defdites amandes de notredite Cour de Parlement, & par les mains dudit Receveur Général, comme deffus.

La Cour de Parlement ne pourra ordonner outre les fommes fufdites, des deniers venans des amandes.

69. Ne pourra notredite Cour de Parlement s'entremettre aucunement ne toucher à nos deniers outre les fommes ci-deffus ordonnées, & ce fur peine de reprendre fur eux lefdits deniers, & autre peine à nous arbitraire, foit par façon de taxer voyages, ordonner réparations, ou autrement, en quelque manière que ce foit, & foient des deniers provenans de l'émolument du Sçel de notredite Cour de Parlement, des amandes jugées en icelle, & aux Sièges de nos Juges inférieurs, ou d'autres nos deniers quelconques.

Que les deniers venans defdites amandes ne foient retardés.

70. Ne auffi retarder, furfeoir, ou dilayer l'exaction des amandes, & confifcations qui nous feroient adjugées, lefquelles furcéances défendons, caffons annullons dès à préfent comme pour lors.

Défenfe aux Préfidens ne prendre part és épices des Procès rapportés par les Confeillers.

71. Défendons à nofdits Préfidens de ne prendre aucune part és épices taxées aux Confeillers, pour les rapports par eux faits des Poocès à eux diftribués, ni auffi des taxations des dépens faits par lefdits Confeillers, ni pareillement des falaires appartenans à iceux Confeillers pour leurs vacations aux commiffions qui leur auroient été baillées.

Défenfe aux Préfidens & Confeillers ne prendre aucuns Dons des Etats du Pays.

72. Ne prendrons nofdits Préfidens & Confeillers, ni recevront dorénavant

aucun Don des Etats de notredit Pays du Dauphiné , foit Or ou Argent , ou autre chofe équipolant.

Mercuriales fe tiendront de mois en mois.

73. Nous ordonnons que les Mercuriales fe tiennent en notredite Cour de Parlement de mois en mois , un jour de Mercredy , fans faire faute , & que par icelles foient pleinement & entiérement déduites les fautes des Officiers de notredite Cour de Parlement , de quelque ordre ou qualité qu'ils foient , fur lefquelles fera incontinent mis ordre par notre Cour , & fans aucune retardation ou delai , dont nous voulons être avertis , & lefdites Mercuriales & ordre mis fur icelles , nous être envoyés de trois mois en trois mois , dont nous chargeons notre Procureur Général d'en faire la diligence.

Que les Préfidens & Confeillers foient diligens à faire obferver lefdites Mercuriales.

74. Auquel jour des Mercuriales nofdits Préfidens appelleront avec eux trois ou quatre de nos Confeillers de ladite Cour , les uns après les autres , felon le rôle que par eux fera avifé ; aufquels nous enjoignons fur leur honneur & confcience , & le dû de leurs Offices , qu'outre les autres matiéres defquelles audit jour de Mercredy ils doivent communiquer & délibérer felon nos Ordonnances , ils regardent & prennent enfemble confeil , avis & meure délibération de ceux de ladite Cour , foient Préfidens , Confeillers & autres , lefquels en méprifant , contrevenant , ou mettant à nonchaloir nofdites Ordonnances , feroient trouvés irrévérans , défobéïffans à nous , à ladite Cour , ou aux Préfidens d'icelle.

75. Ou qui feront négligens & nonchalans de venir à ladite Cour aux jours & heures qu'il eft requis , & y faire la réfidence dûë & ordonnée , ou qui ne feroient leur devoir de rapporter & extraire les Procès & matiéres dont ils feront chargés , fans vaquer aux délibérations & confeil de ladite Cour , rapports & opinions des Préfidens & Confeillers d'icelle , ou qui de leur autorité feroient chofe repréhenfible , ou dérogeant à nofdites Ordonnances , à l'honneur & gravité de ladite Cour , & des Préfidens d'icelle.

76. Voulons que ce qui fera par eux fait ledit jour de Mercredy foit rapporté le Vendredi enfuivant par écrit , & lû en préfence de tous , pour y être avifé & conclu comme de raifon.

77. Aufquels Préfidens & Confeillers , ainfi affemblés , avons donné & donnons charge , commiffion , puiffance & autorité , & expreffément enjoignons de remontrer aufdits Préfidens , Confeillers , & autres fupôts de ladite Cour , qu'ils trouveront être coupables des fautes , irrévérences & négligences fufdites , ce qu'ils verront à remontrer.

78. Et s'ils voyent la matiére difpofée , & que le cas le requiere (fur quoi chargeons leur honneur & confcience) de fufpendre les fufdits & chacun d'eux , de leurs gages , & de l'entrée d'icelle Cour pour un mois , ou tel autre temps moindre qui leur femblera être raifonnable à faire , felon l'exigence du cas.

79. Ayant toutefois regard à ceux qui feroient plus coutumiers d'encheoir efdites fautes , coulpes & négligences , & fupportent ceux qui font plus coutumiers de faire leur devoir , & s'acquitter diligemment en leurfdits Offices , ou faire rapport à ladite Cour defdites fautes , coulpes & négligences , pour en faire telle punition que par icelle fera avifé.

Avocat & Procureur Général seront appellés aux Mercuriales.

80. Voulons que nosdits Avocat & Procureur Général soient appellés & ouis esdites Mercuriales, & en icelles, en tout honneur & révérence, remontrent ce qu'ils verront & reconnoîtront en leurs loyautés & consciences, être requis pour le bien, honneur & autorité, & exercice d'icelles.

81. Enjoignons à nosdits Présidens, que des susdites assemblées, inquisitions, délibérations, remontrances & punitions, ils fassent faire registre par le Greffier de la Cour qui sera présent, & enregistrera le tout.

Que le Conseiller qui aura rapporté une Requête ne soit commis à ouir les Parties.

82. En chargeons nosdits Présidens, se donner garde que le Conseiller qui aura rapporté une Requête ne soit commis pour ouir les Parties sur icelle Requête, sinon que pour cause à ce raisonnable autrement en fût ordonné.

Les Conseillers n'iront és commissions hors le Parlement, sans la délibération de la Cour.

83. Les Conseillers de notredite Cour n'iront en commission, sçavoir est, hors Parlement, sinon qu'il soit question de Baronnie ou Châtelenie, ou autre matiére qui fut de valeur de cent écus d'or de rente, ou au dessus, ou d'Evêché, Abbaye, Prieuré conventuel, Dignité, ou autre Bénéfice de la valeur de deux cent écus d'or portés, & la partie le requiert, & qu'il fut en ce cas délibéré par la Cour, que la commission se dût adresser ausdits Conseillers.

84. N'entendons toutefois, qu'és cas où ladite Cour en voyant les Procès, verroit être à pourvoir *ex officio*, és grandes matiéres criminelles, ou des limites que bonnement ne se pourroient autrement avérer ou vuider, elle ne le puisse faire à sa discretion.

Commission que la Cour pourra faire exécuter.

85. Et ne pourront nosdits Présidens exécuter les commissions qui leur adviennent en distribution, ou autrement, sinon qu'il fut question de Comte, Baronnie, ou d'autre Seigneurie de six cent livres de rente, & au dessus, ou d'Evêché, Abbaye, ou autres Bénéfices valans douze cent livres tournois, & au dessus, & que la partie le requiere, & qu'il fut audit cas délibéré par notredite Cour de Parlement que la commission se doive adresser à l'un de nos Présidens.

Présidens & Conseillers ne pourront aller en commission, le Parlement séant, sinon en certains cas.

86. Ne pourront aussi nosdits Présidens & Conseillers aller pour les Parties en commission, le Parlement séant, soit par notre congé, ou de ladite Cour, sinon qu'il y eut cause urgente, & qu'il fut question desdites matiéres de Comte, Vicomte, Baronnie, Châtelenie, ou autre de la qualité susdites és précédens articles respectivement.

Présidens & Conseillers ne pourront aller en commission, le Parlement séant, qu'un à la fois.

87. Auquel cas la matiére sera mise en délibération, & si la cause étoit trouvée si urgente & nécessaire, que Président ou Conseiller y dût aller, ledit Parlement séant, en ce cas notredite Cour pourra, si les Parties le requièrent, ordonner commission être délivrée ausdits Président ou Conseiller, pourvû toutefois qu'il n'en pourra aller qu'un à la fois seulement, sur peine de priva-

tion

tion de leurs gages de trois mois pour la premiere fois ; & fufpenfion de leurs Offices pour un an, pour la feconde & pour la tierce, de plus grande peine a rbtra ire.

Arrêts & Sentences feront exécutés aux moindres frais que faire fe pourra.

88. Ordonnons que les Arrêts de notredite Cour , auffi les Sentences des Juges de notredit Pays de Dauphiné , tant notres qu'autres , foient dorefnavant exécutez par les Huiffiers de notredite Cour , ou Sergens , à moindre frais & dépens que faire fe pourra.

Défenfe aux Parties ne prendre Confeiller pour exécuter les Arrêts & Sentences, fi le cas ne requiert connoiffance de caufe.

89. Et défendons que pour exécuter lefdits Arrêts ou Sentences, les parties ne prennent aucun Confeiller de notredite Cour , ni autre Juge ; & fi autrement eft fait , ne fera la partie condamnée tenue payer plus grands frais & dépens pour ladite exécution , qu'un Huiffier de notredite Cour , ou Sergent en devroit avoir ; finon toutefois , qu'en l'Arrêt ou Sentence eût aucune chofe à exécuter , qui requit connoifface de caufe.

Les Confeillers qui auront rapporté les procés écriront les Arrêts & dictons , & les rapporteront au Préfident pour les figner.

90. Ordonnons que nofdits Confeillers , dedans trois ou quatre jours , au plus tard , après la conclufion des procés qu'ils auront rapporté, écriront de leurs mains , ou de l'un de leurs compagnons, les Arrêts defdits procès , & les rapporteront au Prefident pour les figner & expédier , & ce fur peine de priva-tion de leurs gages des jours qu'ils auront été en demeure, & d'être privés du profit des épices defdits procès , lefquelles ne voulons être payées audit Confeiller , ni taxées jufques qu'il aura fait & rendu le dicton , ainfi que dit eft.

. Tous dictons feront fignés du Prefident , ou du plus ancien Con-feller , qui auront prefidé au jugement.

91. Et que tous dictons feront fignés & paraphés par celui de nos Prefidens qui aura prefidé à l'expedition , & où nofdits Prefidens n'y auront été , par le plus ancien des Confeillers , & auffi de celui qui en aura fait le rapport

Au jugement des procés y aura huit Confeillers le Prefident abfent.

92. Et défendons à nofdits Confeillers , qu'en l'abfence defdits Prefidens ils ne procedent à faire aucune expédition , qu'ils ne foient huit pour le moins , ledit Parlement féant , & à nofdits Greffiers ne prononcer aucun dicton qui leur feroit baillé par les Confeillers , finon que préalablement il ait été lû en ladite Cour , & qu'il foit figné & paraphé comme deffus.

93. Lefquels dictons ainfi fignés , paraphés & prononcés, le Greffier por-tera incontinant pardevant celui qui aura la charge du regiftre, pour être en-regiftrés.

Arrêts clairement faits , à ce qu'il n'y ait ambiguité.

94. Et afin qu'il n'y ait caufe de douter fur l'intelligence defdits Arrêts , Nous voulons , & ordonnons qu'il foient faits & écrits fi clairement qu'il n'y ait ni puiffe avoir aucunement ambiguité ou incertitude , ni lieu à en demander interprétation.

C

Tous Arrêts, Regiſtres, Contrats, Commiſſions & Actes, deſormais enregiſtrés & delivrés aux parties en langage François.

95. Et parce que telles choſes ſont ſouventefois advenuës ſur l'intelligence des mots Latins contenus eſdits Arrêts, Nous voulons que dorénavant tous Arrêts, enſemble toutes procedures, ſoient de nos Cours ſouveraines, ou autres Subalternes & inférieures, ſoit des Regiſtres, Enquêtes, Contrats, Commiſſions, Sentences, Teſtamens, & autres quelconques actes, exploits de Juſtice, ou qui en dépendent, ſoient prononcées, enregiſtrées & délivrées aux parties en langage maternel François, & non autrement.

Nulle cauſe ne ſoit jugée ſans être miſe ſur le Bureau.

96. Et en outre défendons aux Gens de notredite Cour de Parlement, que dorénavant en icelle ne ſoit jugée aucune cauſe, grande ou petite, par le rapport d'aucun des Conſeillers d'icelle, de quelque autorité qu'ils ſoient, ſans voir les pièces au Bureau.

97. Et que de nulles cauſes quelconques introduites en notredite Cour de Parlement, la connoiſſance du principal ne ſoit commiſe par Requête ou autrement à aucun des Conſeillers de notredite Cour ; & s'il advient que d'icelui principal dépendent aucuns incidens, & ſur ce ſoient requis Commiſſaires pour ouyr les parties ſi faire ſe pourra, & ſera tenu ledit Commiſſaire faire rapport en notredite Cour, pour en ordonner ſur les productions des parties, icelles productions vuës.

Preſidens & Conſeillers ne prendront Office ni penſion.

98. Deffendons à noſdits Preſidens & Conſeillers de prendre & recevoir dorénavant Office, état, ni penſion de quelque perſonne d'Egliſe, ou Séculiere, ou d'aucune Ville ou Communauté, à peine d'être privés de leur Office & états (*ipſo facto*) & ſans autre déclaration, s'ils n'ont de nous ſur ce licence.

Preſidens & Conſeillers ne pourront prendre charge d'arbitrage, conſulter ni être Juges.

99. Et ne pourront noſdits Preſidens & Conſeillers de notredite Cour de Parlement, prendre charge d'arbitrage, ni de compromis, ni faire conſultations en quelque matiere que ce ſoit pendant en ladite Cour, ni és Cours inférieures du Reſſort d'icelle, ni auſſi pour introduire ou inſtruire procès en icelles Cours inférieures, ni d'aucune matiére de notredit pays de Dauphiné ; ni pareillement être jugés en quelque choſe ou matière que ce ſoit, étant en icelui notre pays, ni pardevant quelque Juge qui ſoit autrement qu'en notredite Cour de Parlement, & par commiſſion d'icelle ou de nous.

Preſidens, Conſeillers, & autres Juges, n'aſiſteront au jugement des procés, ou eux, leurs enfans & parens obtiendroient benefices.

100. Deffendons à noſdits Preſidens & Conſeillers, & à tous autres Juges & leurs Lieutenans, de n'être ni aſſiſter au jugement du procès d'un Prélat ou Collateur, ou d'aucun Seigneur, duquel leurs enfans, freres, ou couſins germains, directement ou indirectement obtiendroient aucun Benefice ou Office, & intitulé quand les parties recuſeront ; ſans que les recuſations puiſſent ſervir outre les propres affaires deſdits Prélats, Collateurs ou Seigneurs, & pour leurs cauſes ſeulement.

Recuſations baillées avant que le procés ſoit ſur le Bureau.

101. Voulons que pour quelconque récuſation qui ſeroit baillée contre quel-

qu'un de nofdits Prefidens ou Confeillers, ils ne s'abftiennent d'être au jugement du procès, finon que la recufation foit baillée auparavant que le procès foit mis fur le Bureau, & qu'elle foit trouvée légitime, raifonnable, par notredite Cour, à laquelle enjoignons qu'elle ne remette la décifion de ladite recufation à la confcience de celui qui eft recufé.

Cas efquels recufation pourront avoir lieu, & être reçuës.

102. Pourra toutefois notredite Cour, avant que mettre la partie en preuve, interroger le recufé de la verité de ladite recufation, pour y avoir tel égard que de raifon; & auffi s'il eft trouvé que ladite recufation foit injurieufe, en chargeant l'honneur dudit recufé, qu'elle puniffe celui qui l'auroit baillée, fi elle n'étoit vérifiée.

103. Et n'entendons que fi après que ledit procès feroit mis fur le Bureau, aucunes caufes de recufation venoient à la connoiffance de la partie, elle ne les puiffe propofer, en affermant par ferment lefdites caufes être de nouveau venuës à fa connoiffance.

Diftributions de commiffion fe feront à la fin du Parlement.

104. Ordonnons que les diftributions de commiffions fe feront à la fin du Parlement, en la maniere qui s'enfuit, à fçavoir enquêtes & examens à la maniere acoutumée; & au regard des exécutions d'Arrêts, chacun des Rapporteurs pourra choifir une commiffion de fon rapport, telle que bon lui femblera.

Commiffions d'exécutions d'Arrêts diftribuées felon l'ordre.

105. Et le refte des commiffions d'exécutions d'Arrêts qui échéent en diftribution, fe diftribuera felon l'ordre & antiquité, ou autrement, ainfi comme nos Prefidens de notredite Cour verront être à faire pour le mieux.

Arrêts exécutés le Parlement féant, fi le cas le requiert.

106. N'entendons toutefois qu'ils ne puiffent, le Parlement féant, aller exécuter lefdits Arrêts, fi l'affaire le requiert, & par permiffion de la Cour, ou de Nous és cas fufdits, pourvu qu'il n'en aille qu'un à la fois.

Un Prefident & fix Confeillers, ou huit Confeillers aux jugemens.

107. Voulons & ordonnons, que pour juger en notredite Cour de Parlement (icelle féant) les procès & différends de nos Sujets; foient pour le moins l'un de nos Prefidens & fix Confeillers; & en l'abfence ou empêchemens de nos Prefidens, foient huit de nos Confeillers, pour le moins; & autrement ne pourra être dit Arrêt de notredite Cour; & ce qu'en moindre nombre feroit fait, fous le non & titre d'Arrêt, déclarons nul, & de nul effet & valeur.

Prefidens & Confeillers n'expédieront affaires, finon en la Cour.

108. Et deffendons aufdits Prefidens & Confeillers expédier aucuns affaires fous le nom de notredite Cour, hors le lieu & le tems qui eft ordonné & accoutumé pour tenir la Cour.

Prefidens & Confeillers n'opineront par écrit.

109. Semblablement leur deffendons bailler leurs opinions par écrit ni par meffage, foit par l'un des Greffiers de ladite Cour, par l'un des Confeillers, ou par autre; mais voulons qu'ils difent leur opinion en pleine affemblée & de vive voix.

Assemblées se pourront faire par les Presidens & Conseillers hors la Cour, selon les cas.

110. N'entendons toutefois, que le premier de nos deux Presidens, & en son absence ou légitime empêchement le second ; & en l'absence de tous deux, le plus ancien des Conseillers, ne puisse à jour de Fête, ou autre jour que la Cour fied, en urgente nécessité, és cas requerans prompte provision, assembler au Palais ou autre lieu plus commode, tel nombre de Conseillers qu'il pourra, & ce qui sera ainsi par eux ordonné, ne sera expedié sous le nom de la Cour, mais desdits Presidens & Conseillers assemblés, comme dit est.

Toutes causes dévolues par appel en premiere instance prendront fin à la Cour sans provision.

111. Ordonnons que toutes les causes dévolues par appel, ou intentées en premiere instance en notredite Cour de Parlement de Dauphiné, és causes dont icelle notre Cour peut prendre connoissance en premiere instance par nos Ordonnances, y prendront fin & dernier ressort, sans ce que les jugemens & Arrêts qui par ci-après à ladite Cour de Parlement seront baillés soient sujets à revision, reparations ou recours.

112. Et déclarons les procès, procedures, Sentences & Jugemens qui seront faits sur lesdits recours, reparations ou revision, de nul éfet & valeur.

Arrêts & jugemens seront exécutés, nonobstant les supplications & propositions d'erreur.

113. Pourront toutefois les parties contre lesdits jugemens & Arrêts se pourvoir par voyes de supplication & proposition d'erreur ou par voye de restitution en entier où le cas y écherra, lesquelles causes de supplications & propositions d'erreur, ou restitution en entier seront jugées & terminées, lesdits Arrêts ; jugemens préalablement exécutés.

Proposans erreur consigneront soixante livres tournois.

114. En consignant toutefois par celui qui viendra par proposition d'erreur, la somme de soixante livres tournois pour l'amende : s'il est trouvé enfin de cause que follement il auroit proposé lesdites erreurs, sans ce, que les parties puissent être disposées de la consignation de ladite somme.

Proposans erreur obtiendront Lettres du Roy à leurs dépens.

115. Et pour juger ladite proposition d'erreur, sera pourveu de nombre de Conseillers par nous & par nos Lettres Patentes, qui seront sur ce expediées aux dépens des parties.

Cas ausquels on ne pourra proposer erreur.

116. Déclarons qu'és matiéres possessoires, prophanes, ou Ecclésiastiques : aussi és matieres criminelles, & tous Arrêts interlocutoires, aucun dorénavant ne sera reçû à proposer erreur, toutes Ordonnances de nous, & de nos prédécesseurs Roys, concernant tant lesdits possessoires que proposition d'erreur, demeurans en leur force & vertu.

A qui appartient faire Loix, Statuts & Ordonnances.

117. Déclarons à Nous seul, privativement à tous autres, appartenir faire Statuts, Loix & Edits en notredit Pays de Dauphiné ; & avons cassé & annullé, cassons & annullons tout ce que par forme, ou sous titre de Statut, Loix & Edits auroit été fait par autre que par Nous, ou nos prédécesseurs, sous quelque autorité ou titre que ce soit.

Ne bailler Lettres de graces ne remiſſion, fort celles de Juſtice.

118. Défendons aux Gardes des Séaux de notre Chancellerie en Dauphiné, ne bailler aucunes graces ou remiſſions ; fort celles de Juſtice, c'eſt à ſçavoir, aux homicidiaires qui auroient été contraints faire les homicides pour le ſalut & défenſe de leurs perſonnes & autres cas, où il eſt dit par la Loi, que les délinquans ſe peuvent ou doivent retirer par devers le ſouverain Prince, pour en avoir grace.

Punir ceux qui obtiendront Lettres à ce contraires.

119. Et ſi aucunes graces ou remiſſions auroient été par ledit Garde des Séaux donné hors les cas ſuſdits, Nous voulons & ordonnons que les Impetrans en ſoient déboutés ; & que (nonobſtant icelles) ils ſoient punis ſelon l'exigence des cas.

Garde des Séaux ne baillera aucun rappeau de ban.

120. Défendons audit Garde des Séaux, de ne bailler aucuns rappeaux de ban, ne lettres pour tenir par notredite Cour de Parlement la connoiſſance des matiéres en premiere inſtance, ni auſſi pour les ôter hors de leurs juriſdictions ordinaires, & les évoquer & commettre à autres, ainſi qu'il en a été grandement abuſé par ci-devant.

Les Juges n'auront égard auſdits rappeaux.

121. Et ſi leſdites Lettres étoient autrement baillées, défendons à tous nos Juges de n'y avoir point de regard ; & de condamner les Impetrans en l'amende ordinaire comme de fol appel, tant envers Nous que la partie ; & néanmoins, qu'ils nous avertiſſent de ceux qui auroient baillés leſdites Lettres, pour en faire punition ſelon l'exigence des cas.

Ne bailler remiſſions du cas où n'échet peine corporelle.

122. Défendons audit Garde des Séaux, de ne bailler aucunes graces, ne remiſſions des cas, pour leſquels ne ſeroit requis impoſer peine corporelle ; & ſi elles étoient données au contraire, Nous défendons à tous nos Juges d'y avoir aucun égard, comme deſſus, & en débouter les parties, avec condamnation d'amende.

De nos Avocat & Procureur Général en notredite Cour de Parlement.

123. Ordonnons, que nos Avocat & Procureur Général ſe trouveront bien matin au Palais, en leur chambre, à ce que prompte expédition ſe puiſſe faire des matiéres dont ils ont la charge, & qu'ils ſoient prêts quand ils ſeront mandés par la Cour.

Ne tiendront Clercs qui ſoient Procureurs.

124. Et ne pourront noſdits Procureur Général & Avocat, tenir avec eux Clercs qui ſoient Procureurs, ou ſolliciteurs des parties qui plaident en notredite Cour, ni autres qui ſoient pour communiquer auſdites parties les charges, informations, piéces & procès.

Ne prendront penſion, ni cauſes qu'attouchans la Couronne.

125. Ne tiendront ni recevront Office, ne penſion d'aucun Prélat, Sei-

gneur ni autre, ni ne prendront charge de plaider aucune matiére foient civiles ou criminelles, autres que de nos caufes qui nous touchent, ou peuvent
toucher, ou notredit Procureur, à peine de fufpenfion de leur Office, pour la
premiere fois, & d'amende arbitraire, pour la feconde.

Lefdits Avocat & Procureur, ne prendront aucuns dons.

126. Et ne prendront nofdits Avocat & Procureur Général, aucune chofe des
parties, foit pour vifitation des informations des procès qui leur feront montrés
par Ordonnance de notredite Cour, pour les congés d'accorder, pour eux join-
dre avec les parties, ou pour quelqu'autre expédition qu'il faffent à caufe de leurs
Offices, fur peine de privation de leurfdits Offices.

Lettres concernant le droit du Roy communiquées.

127. Voulous que toutes Lettres & Requêtes concernans l'interêt notre, ou de
notre chofe publique, qui dorénavant feront préfentées à notredite Cour, foient
communiquées à notredit Procureur Général, pour fur icelles remontrer & déduire verbalement ou par écrit ; ce qu'il verra être à faire pour la confervation de
nos droits, bien de Juftice & foulagement de nos Sujets ; & s'il eft contredifant,
qu'il foit fait droit fur ce, la Cour duement affemblée.

Avocat & Procureur Général font du Corps de la Cour.

128. Entendons nofdits Avocat & Procureur Général en notredite Cour de
Parlement de Dauphiné être du corps & college d'icelle notre Cour, en tels
droits, autorités, prérogatives & prééminences que font nos autres Avocats &
Procureurs Généraux de nos autres Cours de Parlement de Paris, Touloufe, Bour-
deaux, Roüen & Dijon ; & que comme étant du corps & college de notredite
Cour, ils précedent tous autres Officiers reffortiffant en ladite Cour.

129. Et qu'ils puiffent entrer en notredite Cour toutes & quantefois, qu'il
fera queftion de nos affaires ou autres affaires concernans notre chofe publique,
pour faire telles rémontrances qu'ils devront.

130. N'entendons toutefois, qu'ils aillent faire leurs Rapports, Requêtes, &
Remontrances durant que notre Cour eft fur la vifitation ou fur les opinions d'aucuns procès ; finon qu'il y eût caufe urgente pour laquelle il fût néceffaire promptement dire, & remontrer quelque chofe à notredite Cour.

Ledit Avocat, plaidant les caufes des criminels, recitera au long leurs charges & informations.

131. Voulons que notre Avocat, en plaidant les matières des prifonniers,
ou des adjournés à comparoir en perfonne, recite bien au long les charges,
informations & confeffions des parties, à ce que les délinquans puiffent connoître leurs fautes & les affiftans y prendre exemple ; fans toutefois pofer ne
plaider aucuns délicts ou crimes, defquels il n'apperra par charges & informations.

Avocat & Procureur Général n'abfenteront la Cour fans congé.

132. Ne pourront nofdits Avocat & Procureur Général eux abfenter de ladite
Cour, fans exprès congé, licence d'icelle, & pour nos affaires de ladite Cour,
fur peine de privation de leurs gages pour trois mois, pour la premiere fois, de
fufpenfion d'Office pour la feconde, & de privation pour la tierce.

La Cour arbitrera aufdits Avocat & Procureur, leur abfence.

133. Et pour ce qu'il avient que par maladies de peres & meres : & fuccef-
fions écheues à nofdits Avocat & Procureur Général, ou pour autres caufes

raifonnables, touchant leurs affaires particuliers, ils font contrains eux abfenter & aller hors notredite Cour, Ordonnons que ce faire ne pourront, finon par licence & congé de notredite Cour, laquelle leur arbitrera le délai plus bref que faire fe pourra pour le retour felon l'exigence de cas, fur quoi nous en chargeons la confcience d'icelle notre Cour.

Le Procureur Général pourfuivra les congés des Adjournés.

134. Sera notredit Procureur tenu pourfuivre diligemment le profit des défauts qui feront donnés par notredite Cour, à l'encontre des Adjournés à comparoir en perfonne incontinent iceux donnés.

Criminels ne feront délivrés fans appeller le Procureur Général.

135. Ne fera procedé à la délivrance & élargiffement des prifonniers criminels, ni auffi à l'exception d'iceux, fans oüir & appeller notre Procureur Général, pour notre interêt & de juftice.

Accords entre parties, communiqués au Procureur Général.

136. Voulons que tous accords faits entre les parties, qui feront demandés être autorifés émologués en notredite Cour, foient communiqués à notredit Procureur Général pour les voir, qui ne pourra empêcher l'émologation, finon qu'y euffions interêt.

Procureur Général fera regiftre des procès prêts à juger.

137. Sera tenu notredit Procureur Général faire regiftre des procès fournis, & prêts à juger qui nous touchent, & icelui regiftre porter au Greffe de notredite Cour, pour en avertir nofdits Prefidens, & iceux requerir de les vuider, mêmement ceux defquels la vuidange eft plus expédiente.

Faire regiftre des Prifonniers & le mettre au Greffe.

138. Enjoignons à nofdits Avocat & Procureur Général pourfuivre, à ce que de tous les prifonniers foit fait regiftre au Greffe, & qu'ils faffent appeller au jour de l'élargiffement des prifonniers, toutes les deux parties fi mêtier eft, afin de fçavoir & connoître ce que lefdites parties auroient fait; & fi elles ont appointé enfemble, de voir l'accord, pour y garder notre droit & celui de Juftice.

Provifions & Arrêts exécutés par les Juges des lieux.

139. Et auffi que toutes les provifions, Arrêts, ou appointemens de notredite Cour, foient de prife de corps, adjournemens perfonnels, ou autres concernans l'interêt de Nous, ou de notre chofe publique, ils faffent exécuter réellement & de fait par les Juges des lieux ou autrement : en maniere que notredite Cour en foit certifiée dedans le tems qui pour ce faire leur fera ordonné ou prefix, defquelles expeditions le Greffier de notredite Cour fera tenu faire regiftre, & du jour qui leur fera affigné.

Des Greffiers Civils & Criminels en ladite Cour.

Greffiers ne tiendront autres Offices que leurs Greffiers.

140. Ordonnons que les Greffiers de notredite Cour de Parlement, ne pourront exercer ne tenir autres Offices que lefdits Offices de Greffier dudit Parlement, en quelque Cour que ce foit, reffortiffant en icelle notredite

Cour de Parlement médiatement ou immédiatement , ni être Procureur des Parties efdites Cours reffortiffans comme deffus.

Lefdits Greffiers faifans le contraire punis.

141. De tous lefquels autres Offices nous les privons & déboutons par ces Préfentes & outre s'ils font trouvés faifans le contraire tacitement, occultement ou autrement, feront punis arbitrairement par notredite Cour felon l'exigence des cas.

Se régleront felon ceux du Parlement de Paris.

142. Se régleront lefdits Greffiers civil & criminel de notredite Cour de Parlement, & gouverneront ainfi que les Greffiers civil & criminel de notre Cour de Parlement de Paris , & feront les Arrêts donnés par notredite Cour de Parlement de Paris , fur les différends defdits Greffiers gardés & obfervés entre lefdits Greffiers de notredite Cour de Parlement de Dauphiné.

Greffiers feront regiftre des Arrêts levés en forme.

143. Et feront tenus lefdits Greffiers & maîtres Clercs de notredite Cour , enregiftrer les Arrêts levés en forme, ainfi qu'ils feront au long ordonnés , & tous autres appointemens , incontinent après iceux donnés.

144. Et en exhiber à notredite Cour chacun an , à l'entrée & affemblée d'icelle le regiftre de l'année accompli & parfait.

Greffiers ne bailleront à leurs Clercs les Procès fans autorité.

145. Eft défendu aufdits Greffiers & leurs Clercs à ce commis de ne bailler ou porter aucun Procès pour vifiter à aucun Confeiller , fans qu'auparavant il lui foit diftribué par le Préfident ou autre ayant de ce charge , fur peine aufdits Greffiers de fufpenfion de leurs Offices , & de privation d'iceux s'ils continuent , & aufdits Clercs commis d'amande à l'arbitration de la Cour , telle que foit exemple à tous autres.

Lefdits Greffiers feront regiftre des amandes chacun mois.

146. Eft enjoint aufdits Greffiers de notredite Cour faire bon & loyal regiftre , en livre à part , de toutes amandes & condamnations à tous adjugées & comme deffus eft dit , en bailler entiérement l'état par écrit , chacun dernier jour du mois à notre Receveur des amandes , & autrement comme par notre Ordonnance du mois de Janvier 1535. fur peine de privation de leurs Offices & autres peines contenues en ladite Ordonnance.

Le Receveur des amandes foit foigneux icelle faire venir ens.

147. Enjoignons à notre Receveur des amandes être foigneux de cueillir du regiftre des Greffiers, le rôle defdites amandes , & condamnation , & icelles exiger, & faire venir ens le plus diligemment que faire fe pourra fur peine de les recouvrer fur lui , & d'amande arbitraire.

Que les Greffiers enregiftreront les Annexes, Pareatis, Bulles, &c.

148. Et que toutes Annexes, qu'on dit Pareatis ou Placets, qui feront délibérées par notredite Cour de Parlement , foient reçues, & enregiftrées par les Greffiers en icelle , enfemble les Lettres , Mandemens , Bulles , & autres pièces fervans à ce , fans rien en prendre , que ce qui eft taxé pour ladite Annexe.

Greffiers ne prendront falaire és affaires du Roi.

149. Sans auffi rien prendre des chofes concernans nos affaires, où il n'y aura partie pourfuivant que notre Procureur , ni intérêt d'autre que de Nous , ou de notre chofe publique.

Lefdits

Lefdits Greffiers feront regiftre des affaires du Roy.

150. Et feront dorénavant lefdits Greffiers bons & loyaux regiftres de nos affaires, lefquels de huit en huit jours nofdits Avocats & Procureur Général vifiteront
out au long, pour après faire les diligences ; & felon qu'ils verront qu'ils auront
faire des appointemens & Arrêts de ladite Cour, pour la pourfuite des caufes y
iftruites, ils feront faire les lettres en forme.

Lettres expédiées en Cour, pour affaires du Roy communiquées.

151. Qui feront baillées à notredit Procureur Général, & fera mis en tête
regiftre du Greffe, les Lettres font expédiées & baillées au Procureur Général,
tel jour) & fera ainfi fait de toutes pièces qui feront baillées à notre Procureur
iénéral & Avocat, & en les remettant par eux audit Greffe, fera mis deffus le
egiftre (les a rendues à tel jour.)

Greffier patrimonial fera regiftre des procès criminels.

152. Eft enjoint au Greflier criminel & patrimonial de notredite Cour, faire
ntier rolle & inventaire de tous les procès criminels, & de notre domaine, prêt
i juger, diftribués & non diftribués, auffi de ceux qui encore ne font inftruits,
z de l'état duquel ils font, foient introduits en notredite Cour de Parlement, en
remiere inftance ou devolus par appel, enfemble des informations qui par Or-
lonnance de notredite Cour auroient été prifes, qui font ou doivent être devers
iotredit Greffier criminel & patrimonial, fur lefquelles n'auroit été pourvû, avec
la qualité defdits procès & informations.

153. Lequel rolle icelui Greffier fera tenu bailler à notre Procureur Général
dedant deux mois, à compter de la publication de la préfente Ordonnance, fur
peine de fufpenfion de fon Office.

Feront rolle des matières criminelles échûes incidemment.

154. Le femblable, & fur même peine, voulons être fait par les Greffiers civils des
matières criminelles qui incidemment font échûes ez procès civils, & n'auroient
été décidées, pour être par nofdits Avocat & Procureur Général faite la pourfuite de l'expédition de ce qui eft prêt à juger, & pour vacquer au parfait de l'inftruction de ce qui n'eft prêt.

Greffiers feront leurs écritures de bonne lettre & correcte.

155. Voulons que les regiftres, procès & toutes écritures qui dorénavant feront
mifes devers notredite Cour de Parlement, foient en bonne forme & bonne
lettre correcte & lifible, fur peine aux Greffiers qui auroient expédié lefdits
procès, d'amende arbitraire. Et en notredite Cour faire ceffer les longueurs,
ineptitudes, redites, multiplications de langage, defquels ufent lefdits Greffiers,
qui tournent à grands frais fur nos fujets.

Regiftres, procès, papiers du Greffe criminel & patrimonial ferrés.

156. Seront les regiftres, actes, papiers, procès & procédures du Greffe criminel
& patrimonial dorénavant tenus & ferrez en une chambre dedant l'enclos du Palais
de notredite Cour, dont le Greffier patrimonial & criminel aura la garde & clef,
qui tiendra fon tablier dedant ledit Palais.

Greffiers civils tiendront leurs regiftres & actes ferrez.

157. Pareillement feront les Greffiers civils de notredite Cour de Parlement
dorénavant tenus ferrer en une chambre audit Palais, de laquelle celui qui
tiendra le registre aura la garde & clef, les regiftres, actes, procédures, &

D

toutes autres écritures de leur charge, & tiendront leur tablier dedant l'enclos dudit Palais.

Ne transporteront en leurs maisons les regiſtres & actes.

158. Sans ce que leſdits Greffiers criminel & patrimonial, ni auſſi les civils, puiſſent tranſporter aucuns deſdits papiers, procès ou pièces en leurs maiſons, ni ailleurs, ſinon en les baillant aux Conſeillers, auſquels leſdites pièces auroient été diſtribuées, ou les rendant aux Parties après les procès vuidés, ou autrement par Ordonnance de notredite Cour, ſur peine de ſuspenſion de leurs offices, & autre peine arbitraire.

Greffiers décédés, leurs écritures apportées en leurs chambres.

159. Voulons que les regiſtres & procédures de notredite Cour de Parlement, qu'avons entendu être diſperſés en pluſieurs & divers lieux particuliers en la puiſſance, & ez maiſons des hoirs des précédens Greffiers, tant criminel, patrimonial, que civils, ſoient mis tous leſdits regiſtres, procès & procédures en lieu public; ſçavoir, eſt eſdites chambres du Greffe au Palais reſpectivement pour y être gardées par les Greffiers qui préſentement ſont, & pour le tems ſeront chacun en ſon endroit.

Greffiers reſponſables des regiſtres, procès & actes à eux baillés.

160. Auſquels ſeront baillés par don & loyal inventaire pour en répondre tant en juſtice qu'aux parties, quand & à qui il appartiendra, par lequel inventaire ſera fait mention de ce qui pourroit être dû au précédent Greffier ou à ſes hoirs pour être tenus leſdits Greffiers ſucceſſeurs, & ayant la garde, comme dit eſt, de recevoir leur ſalaire avant que bailler leſdits procès; pour ledit ſalaire être par eux baillé auſdits hoirs, autrement ſeront tenus d'en répondre.

Greffier civil plus anciens gardera les regiſtres.

161. Ordonnons que dorénavant deſdits Greffiers civils de notredite Cour de Parlement, qui ſont ſept, n'y en aura qu'un, ſçavoir eſt, le plus ancien, eû égard à la réception, qui tiendra le regiſtre en icelle Cour, & qui ait la clef de la chambre des papiers dudit Greffe civil, qui ne ſe pourra abſenter ſans congé & licence expreſſe de la Cour; en l'abſence & légitime empêchement duquel ſera tenu ledit regiſtre, & gardée la clef d'icelle chambre par l'autre plus ancien Greffier civil, demeurant le profit & émolument dudit Greffe civil commun entre tous leſdits ſept Greffiers civils.

162. Et pour ce qu'avons été avertis, que les Greffiers de notredite Cour de Parlement, tant criminel que civils ſe ſont faits par ci-devant, & encore font payer par les parties, les procès devolus par appel; & apportés au Greffe d'icelle notredite Cour; comme ſi eux-mêmes les avoient reçûs, & qu'ils euſſent eu la peine & dépenſe de les avoir mis en groſſe, & forme, & appellent tel émolument, pour la demie copie, voulant colorer ladite exaction ſur ce que ſous reconnoiſſance ils font commodité deſdits procès aux procureurs des Parties, pour les faire voir aux Avocats d'icelles; & leſquels procès ont ja auparavant été entièrement payés au Greffier du Juge dont a été appellé, qui eſt exaction intolérable.

Greffiers ne ſe feront payer de procès apportés.

163. Prohibons & défendons auſdits Greffiers de notredite Cour de Parlement, que dorénavant ils ne ſe faſſent payer, ne reçoivent ledit ni autre émo-

lument des procès qui auroient été reçûs & expédiés par les Greffiers des Jurifdictions inférieures, apportés audit Greffe de la Cour, fous ladite couleur, ne par autre quelconque exquis moyen, fur peine aux contrevenans, de privation de leur Office.

Auront feize fols pour peau, & quatre fols au Clerc.

164. Ordonnons que les Greffiers de notredite Cour de Parlement & de nos autres Juges, pour quelque expédition qu'ils faffent, ne prendront ni recevront qu'à la raifon de feize fols parifis, pour peau, & quatre fols parifis pour le vin du Clerc, foit pour commiffion en forme de débitis, qu'on appelle précifes, à quoi que puiffe monter la fomme prétendue pour l'enterinement de graces, remiffions ou pardons, pour quelque, & fi qualifiée perfonne que puiffe être, émologation d'accords, vérification & interinement de privilèges, ou pour autre expédition quelconque, fur peine au contrevenant, de privation de fon Office, & d'amende à l'arbitration de la Cour.

165. N'entendons toutefois que pour les expéditions, que par ftile & règlemens, coûtumes ou autrement, iceux Greffiers étoient par ci-devant tenus faire pour moins qu'à ladite raifon, ils puiffent prendre ni prennent plus grand émolument que celui pour lequel ils étoient tenus délivrer lefdites expéditions.

Des Avocats poftulans en ladite Cour.

Avocats en leurs Plaidoiries ne procederont par injures.

166. Défendons aux Avocats de notredite Cour, que dorénavant ils ne procedent par paroles injurieufes ou contumelieufes à l'encontre de leurs Parties, ou des Procureurs & Avocats d'icelles, en quelque manière que ce foit : ne dient, alleguent ou propofent aucune chofe en opprobre d'autrui, qui ne ferve ou foit néceffaire au fait de la caufe qu'ils plaident, fur peine de privation de poftuler, & d'amende arbitraire, laquelle voulons être déclarée incontinent contre ceux qui feront le contraire.

Avocats foient briefs dans leurs Plaidoyeries fans redites.

167. Leur eft enjoint qu'ils foient briefs en leur plaidoyerie, par fpécial ez caufes d'appel, en propofant leur grief feulement, finon que les griefs fuffent tels que nullement ne fe puffent entendre fans parler du principal, & qu'ils ne faffent aucunes redites en leurs plaidoyers.

168. Voulons lefdits Avocats refidans en notredite Cour, être punis en dix livres d'amende, fans déport, fi par leur faute leur Partie n'auroit été ouie en fa caufe plaidoyée.

Avocats ne produiront aux Commiffaires pour interrogations.

169. Défendons aufdits Avocats, que par eux, ne par autres ils ne baillent, ne promettent aucune chofe aux Commiffaires commis à interroger aucunes perfonnes, fur peine d'amende arbitraire.

Ne partiront de la Ville fans commettre leurs charges à autres.

170. Défendons auffi aufdits Avocats ordinairement plaidant en notredite

Cour, ne partir de la Ville, s'ils ont charge des caufes à plaidoyer, finon en remettant les pièces & monnoyes des Parties ez mains des Procureurs d'icelles, & laiffant Subftitut pour pourvoir à l'indemnité defdites Parties, fur peine des dépens, dommages & intérêts defdites Parties, à prendre fur eux, & d'amende arbitraire.

Leurs écritures en bonne forme, & fignées.

171. Ordonnons que leurs écritures que dorénavant ils feront mettre devers notredite Cour de Parlement, foient en bonne forme & écriture correcte & bien lifible, & fignées par eux, fur peine d'amende arbitraire.

Des Procureurs en ladite Cour.

Nul ne s'ingere faire l'état de Procureur fans examen.

172. Défendons à tous de quelque état qu'ils foient, qu'ils n'ayent à eux ingerer d'exercer l'état de Procureur en notredite Cour, qu'ils n'ayent été examinés & trouvés fuffifans à ce par ladite Cour, & prêté le ferment en tel cas pertinent.

Voulans obtenir l'état de Procureur, iront par Requête.

173. Avant que d'être reçûs & examinés, bailleront Requête à la Cour, qui fera communiquée à notre Procureur Général, qui s'informera bien & dûement de la vie & bonnes mœurs de celui qui aura préfenté ladite Requête, & le plus promptement que faire fe pourra, pour ce fait, & oui le rapport de notredit Procureur, y être procédé de raifon.

Procureurs n'abfenteront la Cour fans congé & fubftituts.

174. Ne pourront lefdits Procureurs s'abfenter durant le Parlement, ains feront tenus faire refidence en notredite Cour ; & s'ils font malades ou abfens, feront tenus laiffer fubftituts, fur peine de cent fols d'amende, & nommer au Greffe leurfdits Subftituts, qui feront tenus refider ; & feront les fignifications & exploits faits à iceux Subftituts de tel effet, comme s'ils étoient faits aufdits Procureurs. Et quand lefdits Procureurs fe voudront abfenter & avoir congé, bailleront requête à ces fins, dont fera fait requête.

Ne pourront retenir les procès pour leur falaire.

175. Ne pourront aufli lefdits Procureurs, fous couleur de leurs falaires retenir ni faire retenir par leurs familiers & domeftiques, les lettres & procès des Parties, ains promptement les rendront à ceux à qui ont les devra rendre, fur peine de privation de leurs états, & autres plus grande à l'arbitration de la Cour.

Procureurs ne demanderont leurs falaires avant un an ou deux.

176. Et ne feront reçûs à faire demande de leurs vacations & falaires qu'après un an ou deux, fans grande & évidente caufe & préfomption. Et fi de telles matières queftions en avionnent, feront fommairement décidées fans charge ou dépens des Parties.

Ne faire accords fans le montrer au Procureur Général.

177. Défendons aux Parties & à tous Procureurs, fur peine de quarante fols tournois d'amende, qu'ils ne faffent aucuns accords, en cas d'amende d'excès ou

autrement, en chofe qui nous touche, fans montrer l'accord à notredit Procureur.

Ne bailler feconde Requête fans mentionner les premiéres.

178. Leur défendons auffi, fur peine de cent fols tournois & d'autres plus grande, à l'arbitration de la Cour, de ne bailler feconde Requêtes à ladite Cour, fans faire mention des premiéres & des réponfes & Ordonnances fur icelles.

Procureur ne pourra exoiner fa Partie, fans charge expreffe.

179. Ne feront les Procureurs des Parties reçus à alleguer aucune exoine, pour excufer leurs maîtres, s'il n'y a homme exprès ayant charge expreffe de l'excufer & exoiner ; & néanmoins fera baillé défaut, fauf l'excufe & exoine, & fauf à la Partie de pouvoir informer du contraire.

Ne pourront maintenir aucunes piéces fauffes, fans Procuration.

180. Ne feront auffi reçus les Procureurs des Parties à maintenir aucunes piéces de faux, fans pouvoir exprès, & Procuration fpéciale à ce, & pour faire l'infcription au Greffe. Ce fait bailleront leurs moyens de faux par devers la Cour, pour y être pourveu par icelle comme de raifon.

Procureurs affifteront à la taxe des dépens.

181. Seront tenus lefdits Procureurs de comparoir & affifter pardevant les Commiffaires commis par la Cour à taxer les dépens, és lieux & heures qui leur feront affignés fur peine de cent fols d'amande, qui fera levée fans déport fur les défobéiffans & délayans.

Parties revoquans leurs Procureurs en conftitueront d'autres.

182. Et fi les Parties condamnées revoquent leurs Procureurs, elles feront tenues, en faifant ladite revocation, conftituer autre, & le faire fignifier dedans le jour au Procureur de leur Partie : autrement, & en défaut de ce ladite taxe de dépens fera faite avec ledit Procureur revoqué, qui fera tenu comparoir comme deffus, & comme s'il n'avoit été revoqué.

Des Huiffiers en ladite Cour.

Ne fera receu aucun en Huiffier, s'il n'eft fuffifant.

183. Défendons à notredite Cour, de recevoir aucun pour Huiffier, s'il ne fçait lire, & écrire bonne & lifible lettre, & qu'il ne fçache promptement faire les exploits de fon état, fur quoi fera examiné, appellé premiérement & oüy notre Procureur Général, à qui les lettres de provifion feront communiquées.

Huiffiers ne laifferont entrer chacun en la Cour.

184. Défendons aufdits Huiffiers, mêmement à ceux qui feront du fervice le jour des plaidoyers, de ne laiffer entrer au Parquet de ladite Cour, autres que les Avocats & Procureurs d'icelle, Gentilhommes & Gens qualifiés, & les Parties, à l'heure qu'elles auront audiance ; & aufquelles Parties & autres qui entreront audit Parquet, ne laiffent aucun des Huiffiers porter épées, dagues, couteaux ou ferremens, tant audit Parquet qu'en la Salle de l'Audiance.

Mettront en prison tous ceux qui y noiseront.

185. Enjoignons aux Huissiers de notredite Cour, qu'ils mennent en prison tous ceux qui noiseront en la Salle de l'Audiance, & à l'entrée du Conseil, sans nul épargner.

N'entreront en la Chambre du Conseil, sans cause.

186. Est défendu ausdits Huissiers n'entrer en la Chambre du Conseil ; & s'il est besoin demander audiance pour quelque personnage, la demanderont de la porte ; & s'il leur convient entrer en ladite Chambre, ce sera le moins que faire ils pourront, pour n'empêcher la Cour, & pour éviter le soupçon qu'on auroit qu'ils révélassent les secrets d'icelle.

Ne vendront l'entrée du Parlement.

187. Et bien se gardent les Huissiers de vendre l'entrée du Parlement, & de refuser ceux qui entrer y doivent ; & s'il vient à la connoissance de la Cour, elle les punisse très-étroitement.

Huissiers besognans hors la Ville, à quel salaire.

188. Voulons, que les Huissiers ne puissent pour un jour besognant hors la Ville, prendre salaire que d'une journée tant seulement, jaçoit ce qu'en icelui jour ils fassient plusieurs exécutions, & pour plusieurs personnes, sans ce qu'ils puissent demander autre chose pour leur dépens : sur peine de privation de leurs Offices, d'amande arbitraire, & d'être mis en prison, d'où il ne seront élargis jusques à ce qu'ils ayent rendu ce qu'ils auroient exigé à tort, & payé l'amande en laquelle ils seront condamnés.

Des Commissaires commis & députés par la Cour de Parlement, à examiner témoins, exécuter Arrêts, & autres Mandemens de Justice.

Pour salaires & vacations autant que pour commission ordinaire.

189. Ordonnons, que quelque commission qui soit adressée par Nous en notredite Cour, à quelque personnage que ce soit, autre que Conseiller, ne sera pris pour salaires & vacations qu'autant que pour commission ordinaire on pourroit prendre & avoir, selon nos Ordonnances.

Parties faisant faire enquête, comment comparoîtront.

190. Quand les Parties feront faire leur enquête, soit à Grenoble ou ailleurs, elles comparoîtront par elles ou leurs Procureurs aux assignations à elles données pardevant les Commissaires, soit pour ouvrir les articles, convenir d'adjoints, voir produire & jurer témoins, ou pour autre affaire à quoi elles auroient assignation.

Par défaut le Commissaire parfera l'enquête.

191. Et à faute de comparoir, sera donné défaut, par vertu duquel sera procédé par les Commissaires en l'absence de la Partie défaillante, comme si elle étoit présente, & s'il en est appellé, procéderont néanmoins lesdits Commissaires à parachever ladite enquête, nonobstant ledit Appel, sinon qu'il fut question d'incompétence de Commissaires, ou de recusation d'icelle.

En metiere civile dix témoins examinés.

192. Ordonnons qu'on ne pourra, en quelque matiere civile que ce foit, fur un même fait contenu és écritures & articles des parties, produire ne faire examiner que dix témoins, pour le plus ; & les témoins qui feront examinés outre le nombre de dix, feront rejettés, & n'aura-on égard à leurs dits & dépofitions ; & avec ce, fera le Comiffaire qui aura examiné plus de dix témoins fur un même fait, multé de peine arbitraire.

Commiffaires accoleront les articles, mentionnans même fait.

193. Et fi efdites écritures & articles defdites parties y avoit plufieurs articles faifant mention d'un même fait, Ordonnons que lefdits Commiffaires qui feront les enquêtes, accoleront les articles faifans mention d'un même fait ; fur lefquels articles accolés ne pourront être examinés que dix témoins, & ne fera contée une turbe que pour un témoin és cas qu'on a accoutumé examiner témoins en turbe, felon nos Ordonnances.

Commiffaires feront en perfonne leurs interrogatoires.

194. Seront tous Commiffaires befongnans en enquête de notredite Cour de Parlement, ou d'autres Cours inférieures, tenus faire eux-mêmes les examens & interrogatoires des témoins, préfens leurs adjoints, & nommer les dépofitions d'iceux témoins au Greffiers ou Clercs ; & s'ils font eux-mêmes Greffiers ou Clercs, feront tenus les écrire ; & leur défendons qu'ils ne faffent faire lefdits examens de témoins par leurfdits adjoints, Greffiers ou Clercs, ains les faffent en leur perfonne, comme dit eft.

Interrogeront les témoins de leurs dits & dépofitions.

195. Seront auffi lefdits Comiffaires tenus interroger les témoins de la raifon de leurs dits & dépofitions, & icelle raifon rediger par écrit avec lefdites dépofitions, fur peine d'amende arbitraire.

Liront les dépofitions aux témoins, pour caufe.

196. Et que lefdits Commiffaires, après qu'ils auront oüi un chacun defdits témoins qui leur feront produits, & redigé leur dépofition par écrit, liront leur minute devant eux ; & s'il y a aucune chofe efdites minutes omife, trop écrite, ou autrement couchée qu'elle ne doit être, lefdits Commiffaires en feront leurs corrections pertinentes fur lefdites minutes, qui feront écrites de la main propre de celui qui aura fait icelles minutes, en la préfence des témoins, à ce qu'aucune fraude ou erreur n'y foit commis, & que lefdites minutes ainfi corrigées fe puiffent groffoyer véritablement felon l'entendement des témoins qui auront fur ce dépofé efdites enquêtes.

Commiffions pour faire enquête, à qui adreffée.

197. Voulons, que quand, pour le foulagement de nos Sujets, la commiffion de faire enquête fera adreffée aux Juges ordinaires en chef, lefquels doivent être gradués & fçavans, autres que lefdits Juges ou leurs Lieutenans particuliers reçûs audit Office, & qui en fuivant nos Ordonnances, auront fait le ferment, ne pourront faire ladite enquête, qui autrement fera déclarée nulle, & celui qui l'aura faite, condamné en l'amende & aux dommages & interêts des parties, & à fes dépens fera refaite ladite enquête.

Feront mettre la dépofition des témoins au long.

198. Et lefquels Commiffaires en faifant leurs enquêtes, feront tenus met-

tre & faire écrire la dépofition des témoins tout au long, fans ufer de ces termes (l'article contient verité) & feront tenus interoger les témoins du fait contenu en l'article, & de la raifon de leurs dits & dépofitions, comme deffus.

Examineront les témoins particulierement.

199. Enjoignons aufdits Commiffaires, que dorénavant ils examinent les témoins particulierement, & faffent rediger leurs dépofitions au vrai, fans les referer les uns aux autres.

Mettront au Greffe les enquêtes & informations.

200. Et que tous Commiffaires à faire enquête ou informations, continent icelles faites, feront tenus les mettre au Greffe de ladite Cour en groffe & bonne écriture de bonne lettre, bien lifible, clofes, fignées & fcellées des Commiffaires & ajoints, fans pouvoir par lefdits Commiffaires prendre falaire plus ample qu'il eft de coutume pour les deux écrits : & fera fait regiftre par les Greffiers, du jour qu'icelles enquêtes auront été portées au Greffe, & du nom de celui qui les y aura portées.

Noms, furnoms, & demeurances des témoins inferés.

201. Et feront tenus lefdits Commiffaires dedans leurs procès verbaux inferer les noms & furnoms, âges & demeurances des témoins par eux examinés, leur état, art & mêtier, la production d'iceux, & par qui, la prêtation de ferment, la relation des Sergens contenant les ajournemens faits aux témoins & aux parties, pour les voir jurer, à ce que les parties puiffent impugner les procès verbaux & enquêtes de nullité, & afin de bailler les reproches des témoins, qui fe bailleront avant que faire la publication de l'enquête, felon l'Ordonnance de nos Prédeceffeurs.

Fils, frere, gendre, neveu, ne feront pris pour adjoints.

202. Ne pourront le fils, frere, gendre, neveu & clercs être pris adjoints par le Commiffaire ordonné à faire enquête, pofé ores que les parties y confentiffent.

Parties appellées à voir jurer témoins, aliàs, l'enquête nulle.

203. Seront les parties contre lefquelles l'enquête fe fera, appellées à voir recevoir & jurer témoins, ou leurs Procureurs pour elles; autrement feront lefdites enquêtes nulles, & auront lefdites parties recours contre lefdits Commiffaires qui feront lefdites enquêtes.

Enquête trouvée nulle, aux dépens de qui refaite.

204. Ordonnons, qui fi par faute de Commiffaire, l'enquête fe trouve nulle, elle fera refaite aux dépens de celui qui l'aura faite.

Notaires ne délivreront aucuns Actes aux parties, &c.

205. Défendons à tous Notaires, fur peine d'amende arbitraire, quand nos Prefidens, Confeillers, ou autres Commiffaires députés par Nous, ou notredite Cour, exécuteront les commiffions, qu'ils ne viennent contrôler de ce qui fe fait devant eux; à tout le moins qu'ils ne délivrent aucunes lettres des actes qui fe feront devant lefdits Commiffaires au fait de leur commiffion, fans préalablement les communiquer à iceux Commiffaires, pour les accorder avec leur procès verbaux; & fi lefdits Notaires faifoint le contraire, Nous ne voulons à leurs lettres & inftrumens aucune foi être ajoutée, & feront lefdits Notaires condamnés en amende arbitraire.

Salaire de Baillifs & Sénéchaux, allans en Commiffion.

206. Ordonnons, que quand les Lieutenans généraux des Baillifs & Sénéchaux,

chaux, qu'en notredit Pays on appelle Vibaillifs, ou Vicenéchaux, iront en commiſſion pour beſongner pour aucunes parties, comme Commiſſaires hors leurs diſtroits, ils ne pourront prendre pour leurs vacations & ſalaires, que ſoixante ſols tournois par jour.

207. Et quand ils iront en commiſſion dedans leurſdits diſtroits hors la Ville où ils demeurent, ils ne prendront que cinquante ſols tournois ; & pour beſongner ez lieux où ils auront leurs domiciles & demeurances, ils n'auront que vingt ſols tournois par jour.

208. Et au regard des Lieutenans particuliers deſdits Baillifs & Sénéchaux, & Juges ordinaires, quand ils iront hors leur reſſort, ne pourront avoir & prendre que cinquante ſols tournois par jour, & quarante quand ils beſogneront en leur reſſort & hors leur domicile, & quinze quand ils beſogneront ou ſeront en leur domicile.

Leſdits Baillifs, Juges & Lieutenans ne prendront ſalaire des Parties.

209. Sans ce qu'ils puiſſent prendre leurs dépens, poſé ores que les parties libéralement les leur vouluſſent faire & donner, outre leſdits ſalaires, ſur peine auſdits Lieutenans généraux & particuliers, & Juges ordinaires, en tous les cas ſuſdits, de ſuſpenſion de leurs Offices pour un an pour la première fois, & pour la ſeconde, de privation de leurſdits Offices ; & le tout, ſoit en qualité de Juge ou par commiſſion de Nous ou notredite Cour.

Salaire aux adjoints ez enquêtes & informations.

210. Et pour les adjoints qui ſeront prins & élûs par le conſentement des parties, ou au refus d'elles, par les Juges ou Commiſſaires, ſera taxé auſdits adjoints, s'ils ſont gradués, la moitié de ce que leſdits Commiſſaires prendront, ſuivant l'Ordonnance ; & où ne ſeront gradués, le tiers ſeulement.

Clercs des Conſeillers, Juges, Commiſſaires, que prendront.

211. Ne prendront les Clercs des Commiſſaires, ſoit que iceux Commiſſaires ſoient Conſeillers de notredite Cour, Baillifs, Sénéchaux, ou leurs Lieutenans généraux ou particuliers, ou autres Juges, rien prendre de ceux pour qui leurs maîtres auront beſogné eſdites commiſſions, fors & excepté pour les écritures, minutes, & procès verbaux, ce que raiſonnablement ils devront avoir.

Clercs ne prendront des parties ſans taxe.

212. Et ne pourront leſdits Clercs aucune choſe prendre des parties, que préalablement leur ſalaire ne ſoit fait & taxé par les Commiſſaires, ſur peine d'amende arbitraire, & de peine corporelle ; & feront leſdits Clercs le ſerment pertinent, ſelon les Ordonnances de nos prédéceſſeurs.

Avant que taxer dépens, communiqué à partie adverſe.

213. Les parties qui demandent taxation de dépens pardevant les Commiſſaires à ce commis, bailleront une briève déclaration deſdits dépens, pour icelle être communiquée à partie, pour, ſi bon lui ſemble, bailler ſes diminutions dedans trois jours, pour tous délai ; & ce fait, ſera procédé à la taxation deſdits dépens par leſdits Commiſſaires à ce commis ; à quoi faire ſera appellé le Procureur de la partie condamnée, en la préſence duquel, s'il comparoit, ou ſinon en ſon abſence & défaut, ſera procédé à la taxe deſdits dépens, ſur chacun article ſeparément.

E

Appellans de la taxe de dépens, en cotteront les articles.

214. Et s'il n'en est appellé, la taxe sortira effet ; mais s'il en est appellé, sera tenu l'appellant cotter & croiser les articles dont sera appellé dedans trois jours ; à ce que sur lesdits articles dont sera appellé, soit fait droit particulierement, & sur chacun article, à la charge de l'amende du fol appel pour chacun article qui seroit croisé, s'il est dit qu'il a été mal appellé ; & quant-aux articles non croisés, sortiront effets, & leur en sera baillé exécutoire.

Sera passé outre, nonobstant l'appellation de taxation.

215. Et si en taxant lesdits dépens, l'une des parties appelle de la taxation de quelque article, le Commissaire, nonobstant ledit appel, passera outre à taxer les autres articles.

Procureurs assisteront à la taxe des dépens.

216. Est ordonné que les Procureurs ausquels seront signifiés les déclarations de dépens, & assignation pour voir taxer, seront tenus d'y assister, sur peine de l'amende de dix livres tournois, à laquelle taxation sera procédé, présens ou absens lesdits Procureurs, qui sera de tel effet & vertu que s'ils étoient présens & assistans à voir faire ladite taxe.

Maniere de proceder, tant en ladite Cour de Parlement, qu'ez autres Cours inférieures.

Reproches baillés avant la publication d'enquête.

217. Avons ordonné, attendu qu'en notredit Pays de Dauphiné il y a publication d'enquête, que les parties bailleront avant la publication, si bon leur semble, leurs reproches des témoins, après laquelle publication ne seront aucunement reçûs à bailler lesdits reproches.

N'appointer les parties à informer sur le fait des reproches.

218. Défendons à tous Juges de notredit Pays de Dauphiné, d'appointer les parties à informer sur le fait des reproches, sans voir lesdits reproches avec les procès principaux, & de ne recevoir les parties en preuve desdits faits, sinon qu'ils fussent concluans & contre les témoins, sans lesquels ne se pourroit décider le procès.

Ne passer outre sans appointer les parties à preuve.

219. Et où par la déposition des témoins non reprochés, le procès se pourroit juger, parce qu'il demeureroit nombre suffisant de témoins ; en ce cas, pour éviter aux frais des parties, & à la longueur des procès, on pourra tirer outre au jugement, sans appointer les parties en preuve sur les faits desdits reproches.

Cas esquels les parties seront appointées à preuve de reproche.

220. Et où le procès ne se pourroit bonnement juger que la déposition des témoins reprochés ne soit employée au jugement du procès ; en ce cas faudra appointer les parties à faire preuve desdits reproches contre les témoins dont les reproches auront été jugés concluans & valables.

De juger les reproches des témoins.

221. Qu'avant que proceder à la visitation des procès, après le cas posé & ouvert, on procede préalablement à juger les reproches des témoins, pour éviter à la perdition de tems ; & où lesdits reproches ne seroient trouvés valables, sera procedé outre au jugement du procès ; & en l'Arrêt ou Sentence sera dit, que le procès se pouvoit vuider sans enquerir de la vérité desdits reproches.

N'obtemperer aux Lettres de Chancellerie, pourquoi ?

222. Défendons à notredite Cour de Parlement, & aux Juges inférieurs de notredit Pays, nobtemperer à nos Lettres de Chancellerie, sinon qu'elles soient civiles & raisonnables ; & voulons que les parties les puissent débattre & impugner de subreption, obreption & incivilité, & qu'à ce faire soient ouies, tant par notredite Cour, que autres Juges.

Impetrans Lettres de Chancellerie, pourquoi déboutés ?

223. Et s'ils les treuvent subreptices, obreptices, ou inciviles, qu'ils en déboutent les impetrans d'icelles, avec dépens ; & si par dol, fraude, malice, ou par cautelle des parties lesdites Lettres auroient été impétrées, ou pour délayer la cause, voulons les impétrans être punis d'amende arbitraire, selon qu'ils verront au cas appartenir.

Recisions de contrats prescrites.

224. Ordonnons que toutes récisions de contrats, distraits ou d'autres actes quelconques, fondées sur dol, fraude, ou circonvention, crainte, violence, ou déception d'autre moitié de juste prix, se prescriront dorénavant en notredit Pays de Dauphiné, par le tems de dix ans continués, à compter du jour que lesdits contrats, distraits, ou autres actes auroient été faits ; & que la cause de crainte, violence, ou autre cause légitime empêchant de droit ou de fait la poursuite desdites récisions, cessera.

Obtention de Lettres.

225. Voulons qu'après les premières Lettres baillées en notre Chancellerie, pour attribuer la connoissance de quelques matières à aucuns Juges, ne pourront les parties, par soupçons, recusations, ni autrement, de nous obtenir autres Lettres, pour ôter la connoissance de ladite matière ausdits Juges, ains se pourvoiront par déclinatoire, recusation, appel, ou autre voye ordinaire, ainsi qu'ils verront être à faire par raison.

Exécutions en vertu d'obligation, consignées à caution.

226. Et qu'en toutes exécutions qui se feront par vertu d'obligations, faites & passées sous le scel Royal, ou scel Royal Delphinal, sera le débiteur contraint consigner ez mains du créancier par provision, en baillant par ledit créancier bonne & suffisante caution de rendre, s'il étoit dit, que faire se doit ; & à ce, sera réellement & de fait contraint le débiteur selon la forme desdites obligations, nonobstant oppositions quelconques, & sans préjudice d'icelles.

Lettres obligatoires sous scel Royal, Delphinal, exécutoires.

227. Seront les Lettres obligatoires passées sous scel Royal, ou Royal Delphinal, exécutoires pour tout notre Royaume, & Pays de Dauphiné.

Et sous féaux autentiques, de même.

228. Et quant-à celles qui sont passées sous autres féaux autentiques, elles feront aussi exécutoires contre les obligés & leurs héritiers, en tous lieux où

ils feront trouvés demeurans lors de l'exécution, & fur tous leurs biens, quelque part qu'ils foient affis ou trouvés, pourveu qu'au temps de l'obligation ils fuffent demeurans au dedans du diftroit & jurifdiction où lefdits feaux font authentiques.

Notaires noteront la demeurance des contrahans.

229. Et à cette fin enjoignons & commandons à tous Notaires & Tabellions, de mettre par leurs contrats, fur peine de privation de leurs Offices, & d'amande arbitraire, les lieux des demeurances defdits contrahans.

Bien pris par exécution, que doivent devenir.

230. Et fi contre l'exécution defdites obligations y a oppofition, fera ordonné que les biens pris par exécution & autres, s'ils ne fuffifent, feront vendus, & les deniers mis és mains du créancier, nonobftant oppofitions ou appellations quelconques, par provifion, en baillant par lui bonne & fuffifante caution, & fe conftituant acheteur des biens de Juftice.

Héritier ne comparant, condamné.

231. L'héritier, ou maintenu être héritier de l'obligé, adjourné par l'exploit libellé, dûement fait & recordé pour voir déclarer exécutoire l'obligation paffée par fon prédéceffeur ; s'il ne compare, fera par un défaut avec le fauf, felon la diftance du lieu, ladite obligation déclarée exécutoire par provifion, fans préjudice des droits dudit prétendu héritier au principal ; & fi l'exploit n'eft libellé fe fera par deux défauts, pourveu que par le premier foit inferée la demande & libelle du demandeur, comme deffus.

Exploit libellé, pourquoy à gain de caufe.

232. Et où les créanciers n'auront commencé par exécution, mais par fimple action, fi l'exploit eft libellé, & porte la fomme pour laquelle on veut agir, y aura gain de caufe par un feul défaut, avec le fauf, felon la diftance des lieux, en faifant apparoir par le créancier du contenu en fa demande par obligation autentique, comme deffus.

Obligations exécutoires contre les héritiers.

233. Et pourra le créancier, fi bon lui femble, faire exécuter lefd. obligations ou condamnations contre le maintenu héritier, fans préalablement faire ladite déclaration de la qualité d'héritier, de laquelle fuffira informer par le procès, fi elle eft déniée, à la charge des dépens, dommages & intérêts, fi ladite qualité n'eft vérifiée, *corrigée par Edit de l'an* 1549.

Mal emprifonnés, relevés.

234. Et au regard de ceux qui auront fait faire aucun emprifonnement à tort, fur le fait defdites obligations, ou autrement, ils tiendront prifon jufques à ce qu'ils ayent payé les dommages & intérêts, tels qu'ils feront taxés par Juftice, & qu'il en foit apparu par acte du Greffier, iceux dommages & intérêts préablement liquidés.

Pour dettes ni matières civiles, n'y aura lieu d'immunité.

235. N'y aura lieu d'immunité pour dettes ni autres matières civiles, & fe pourront toutes perfonnes prendre en franchife, & fauf à les réintegrer quand y aura prife de corps décernée à l'encontre d'eux, fur les informations faites des cas dont ils font chargés, & qu'il foit ainfi ordonné par le Juge.

Prononciation de Sentence.

236. Après que les parties auront prins appointement en droit, & le Juge

aura vû le procès, & fera prêt de donner fa Sentence, ne fe pourra empêcher la prononciation de ladite Sentence par quelques obligations ou propofitions, ni autres chofes quelconques que les parties voudroient dire, faire ou déduire, pour empêcher ladite prononciation.

Vérifier promptement accords, &c.

237. Et quant-aux exceptions de tranfaction, accord, renonciation de droit prétendu, litifpendance, Lettres Royaux, ou autres telles : les parties icelles propofans feront tenues le vérifier promptement, fans être admifes à faire procès fur ce ; ne interlocutoires, qu'elles n'en faffent, pour le préalable, apparoir : & ne differera le Juge de proceder jufques à ce que dit eft, ait été verifié.

Procès fur fin de non-recevoir, comment expediés.

238. Voulons, que tous les procès qui pourront être expediés & jugés par droit & par fin de non-recevoir, foient expediés & jugés, tant en notredite Cour de Parlement, que par nos autres Juges, par droit & par ladite fin ; quand il en apperra promptement.

Ez incidens qui fe vuident, dépens comment refervés.

239. Et qu'és incidens qui fe vuident, ne foient refervés les dépens, en diffini-tive, mais y fera condamné, *victus victori.*

Juges Eccléfiaftiques exprimeront les caufes des citations.

240. Et à ce que les Jurifdictions Eccléfiaftiques & temporelles ne s'empêchent, ains s'aydent & confortent fraternellement l'une l'autre ; avons enjoint & en-joignons à tous Juges Eccléfiaftiques de notredit pays, qu'en toutes citations qui feront dorénavant par eux octroyées en leurs Cours, ils expriment les caufes d'i-celles citations, afin que les gens laïcs puiffent être avertis fi la connoiffance de la matière appartient aufdits Juges Eccléfiaftiques.

Juges temporels, comment décerneront inhibitions, &c.

241. Pareillement, avons interdit & défendu à tous nos Juges, & autres Juges temporels de notredit pays de Dauphiné, de ne décerner aucunes inhibitions, lettres de recours, clains, & autres femblables lettres, fans premierement avoir vû la citation, & par icelle connu que la connoiffance leur en appartient ; def-quelles inhibitions, lettres de recours, & clains ils feront au cas fufdit, tenus exprimer les caufes de leurs inhibitions, telles que fi prouvées étoient, la con-noiffance leur en appartiendroit, & non aufdits Juges Eccléfiaftiques, & fi autre-ment font faites, n'y fera obéi.

Ne citer gens Laïcs devant les Juges d'Eglife.

242. Défendons à tous nos Sujets de ne faire citer ne convenir les laïcs par-devant les Juges d'Eglife és actions pures perfonnelles, fur peine de perdition de caufe & d'amende arbitraire.

Juges Eccléfiaftiques ne feront citer les purs Laïcs.

243. Et avons défendu à tous Juges Eccléfiaftiques, de ne bailler ne délivrer aucunes citations, verbalement par écrit, pour faire citer nofdits Sujets purs laïcs efdites matiéres d'actions pures perfonnelles, fur peine auffi d'amende arbitraire.

Limitation, le tout par maniere de provifion.

244. Et ce par manière de provifion, quant-à ceux dont le fait a été reçû

fur la poſſeſſion d'en connoître & juſqu'à ce que par Nous autrement en ait été ordonné, & ſans en ce comprendre ceux qui en auront obtenu Arrêt donné avec notre Procureur Général ; s'aucuns y a.

Juriſdictions des Juges Laïcs & Eccléſiaſtiques.

245. Sans préjudice, toutefois, de la juriſdiction Eccléſiaſtique és matiéres des Sacremens & autres pures ſpirituelles & Eccléſiaſtiques, dont ils pourront connoître contre leſdits purs laïcs, ſelon la forme de Droit ; & auſſi ſans préjudice de la juriſdiction temporelle & ſéculiere contre les Clairs mariés & non mariés, faiſans & exerçans états ou négociations, pour raiſon deſquelles ils ſont tenus & ont accoutumé répondre en Cour ſéculiere, où ils ſeront contrains de ce faire, tant és matiéres civiles que criminelles, ainſi qu'il ont fait par ci-devant.

En quoy & contre qui les Juges d'Egliſe paſſeront outre.

246. Ordonnons que les appellations comme d'abus, interjettées par les Prêtres & autres perſonnes Eccléſiaſtiques és matiéres de diſcipline, correction ou autres pures perſonnelles, & non dépendantes de réalité, n'auront aucun effet ſuſpenſif ; ains, nonobſtant leſdites appellations, & ſans préjudice d'icelles, pourront les Juges d'Egliſe paſſer outre contre leſdites perſonnes Eccléſiaſtiques.

Arrérages de rentes conſtituées à prix d'argent.

247. Ordonnons, que les acheteurs des rentes qu'aucuns appellent rentes à prix d'argent ; les autres rentes volans, penſions hypotèques, ou rentes à rachet, ne pourront demander que les arrérages de cinq ans, ou moins ; & ſi outre iceux cinq ans aucune année deſdits arrérages étoit écheuë dont n'euſſent fait queſtion ni demande en jugement, ne ſeront reçus à la demander, ains ſeront déboutés par fin de non-recevoir ; & en ce ne ſont compriſes les rentes foncieres portans directe ou cenſive.

Sentences des Baillifs, Sénéchaux & autres, juſques où exécutées.

248. Toutes Sentences & condamnations d'amendes de nos Baillifs, Sénéchaux, & autres nos Juges, ou leurs Lieutenans reſſortiſſans ſans moyens en notredite Cour de Parlement non excedans la ſomme de dix livres tournois, ſoit envers Juſtice ou parties, ſeront exécutées, nonobſtant oppoſitions ou appellations quelconques, & ſans préjudice d'icelles. Et ſeront les ſommes deſdites amendes payées, ſçavoir eſt, à partie, en baillant caution, & à nos Receveurs, ſimplement ; pourveu toutefois, que ſi par autorité de notredite Cour de Parlement eſt dit, mal jugé, & bien appellé, ladite partie ſera contrainte rendre ladite amende.

Si mal jugé, les Receveurs & Parties rendront les amendes.

249. Seront auſſi tenus nos Receveurs, chacun en ſon endroit, rendre leſdites amendes, en fourniſſant du dicton de l'Arrêt, par lequel la Sentence aura été infirmée : ſuppoſé que les états d'iceux nos Receveurs fuſſent pour l'année chargés de ce que montent leurs recettes. Et voulons les ſommes eſquelles monteront leſdites amendes, en rapportant par leſdits Receveurs leſd. dictons d'Arrêt, avec quittance des condamnés, être rabbatus de leurdite recette par nos Amés & Féaux les Gens de nos Comptes.

Sentences de Juges reſſortiſſans ſans moyen, comment exécutées.

250. Ordonnons, que les Sentences de nos Juges reſſortiſſans ſans moyen en notredite Cour de Parlement, en matieres pures perſonnelles, juſqu'à 25.

livres tournois feront mifes à exécution, nonobftant oppofitions ou appellations quelçonques, & fans préjudice d'icelles.

Toutes Cedules confeſſées en Juſtice.

251. Toutes parties qui feront ajournées en leurs perfonnes, en connoiſſance de cedules, feront tenus icelles connoître ou nier en perfonne ou par Procureur fpécialement fondé pardevant le Juge féculier, en la jurifdiction duquel feront trouvés, fans pouvoir alleguer aucune incompétence, & ce avant que partir du lieu où lefdites parties feront trouvées : autrement, lefdites cedules feront tenuës pour confeſſées par un feul défaut, & emporteront hypotèque du jour de la Sentence, comme fi elles avoient été confeſſées.

Cedule déniée, de quand aura hipotèque.

252. Si aucun eſt ajourné en connoiſſance de cedule, compare, ou conteſte déniant fa cedule, & par après elle eſt prouvée par le créancier, l'hypotèque courra & aura lieu du jour de ladite dénegation & conteſtation.

Plaidans éliront domicile, où, & quand.

253. Ordonnons, que tous plaidans & litigans feront tenus, au jour de la premiere comparition en perfonne, ou par Procureur fuffifamment fondé, déclarer ou élire leur domicile au lieu où les procès feront pendans : autrement & à faute de ce avoir duement fait, ne feront recevables, & feront déboutés de leurs demandes, défenfes ou oppofitions refpectivement.

Sentences fur contumace, comment exécutoires.

254. Les Sentences par contumace données après la vérification de la demande, feront exécutoires, nonobſtant l'appel, és cas efquel, elles font exécutoires, felon nos Ordonnances, quand elles font données parties ouyes.

Juges ne recevront réponſes par credit ne contredits, &c.

255. Il n'y aura plus de réponſes par credit ne contredits contre les dits des témoins ; & défendons aux Juges de ne les recevoir ; & aux parties de ne les bailler, fur peine d'amende arbitraire.

Parties pourront faire interroger l'une l'autre.

256. Néanmoins, permettons aux parties fe faire interroger l'une l'autre, pendant le procès, & fans retardation d'icelui, par le Juge de la caufe ou autre plus prochain des demeurances des parties, qui à ce fera commis, fur faits & articles pertinens & concernans la caufe & matiere dont eſt queſtion entr'elles.

Parties affermeront le contenu en leurs écritures.

257. Seront tenuës les parties affermer par ferment les faits contenus en leurs écritures & additions ; & par icelles, enfemble par les réponſes aufdits interrogatoires, confeſſer ceux qui feront de leur fcience & connoiſſance, fans le pouvoir dénier ou paſſer par non ſçavance.

Dettes des Marchands & Gens de Métier, comment pourſuivis.

258. Voulons & ordonnons, que tous Drapiers, Apoticaires, Boulengers, Pâticiers, Serruriers, Chauſſetiers, Taverniers, Coûturiers, Cordonniers, Selliers, Bouchers, & autres Gens de mêtier & Marchands vendans & diſtribuans leurs denrées & marchandifes en détail, demanderont dorénavant, fi bon leur femble, payement de leurfdites denrées, ouvrages & marchandifes par eux fournies, dedans fix mois, à compter du jour auquel ils auront baillé ou livré la premiere denrée ou ouvrage, enfemble ce qu'ils auront baillé ou livré depuis

celui jour dedans fix mois, & les fix mois paffés, ne feront plus reçûs à faire queftion ne demande de ce qu'ils auront fait, fourni ou livré dedans iceux fix mois ; finon qu'il y eût arrêt de compte, cedule, obligation, interpellation, ou fommation judiciaire faite dedans le tems fufdit.

Serviteurs ne demanderont leurs falaires, l'an revolu.

259. Que les ferviteurs, dedans un an, à compter du jour qu'ils feront fortis hors de leurs fervices, demanderont, fi bon leur femble, leurs loyers, falaires ou gages ; & ledit tems paffé, n'y feront reçûs, ains en feront déboutés par fin de non-recevoir ; & fi ne pourront demander dedans ledit an, que les loyers & gages des trois dernieres années qu'ils auront fervi, finon qu'il y eût convenance ou obligation par écrit, ou des années précédentes interpellation ou fommation fuffifante.

Nul reçû à faire ceffion, finon en perfonne.

260. Ordonnons, que derénavant nul ne fera reçû à faire ceffion de biens par Procureurs, ains fe fera en perfonne, en jugement, durant l'audience, tête nuë & defceint.

Ne juger procès par écrit, s'il n'eft apporté au Greffe de la Cour.

261. Défendons, qu'aucun procès par écrit ne foit reçû pour juger en notredite Cour de Parlement, finon qu'il apparoiffe que ledit procès foit apporté en ladite Cour & és Greffe d'icelle.

Procureurs comment conclurront és procès par écrit.

262. Voulons que les Procureurs des parties feront tenus aller conclurre au Greffe de notredite Cour, efdits procès par écrit, dedans le lendemain qu'ils en feront requis par leurs parties, fur peine d'amende arbitraire contre celui qui fera refufant de ce faire, fans qu'il y ait difficulté notable & chofe qui ne fe puiffe bonnement faire hors jugement.

Griefs comment produits.

263. Si en recevant lefdits procès par écrit, l'Avocat de la partie appellante eft reçû par la Cour à bailler fes griefs : ordonnons au Greffier, fur peine d'amende arbitraire, qu'il ajoute audit apointement que les griefs qui feront baillés, feront hors le procès.

Avocats en l'amende, propofans griefs mal à propos.

264. En cas que les Avocats propoferoient aucuns griefs qui feront dedans le procès : enjoignons à notredite Cour, que fans diffimulation elle les condamne en l'amende. Et pour connoître quels Avocats les auront faits, Ordonnons, que ceux qui les auront faits, les fignent : & ne voulons iceux être reçûs par les Greffiers de notredite Cour, s'ils ne font fignés.

Parties de plus loin, premieres expediées.

265. Affifteront les Juges, en leurs Auditoires, les jours ordinaires, & expedieront les caufes en donnant les appointemens tels que de raifon, lefquels feront enregiftrés par le Greffier. Et premierement expedieront les parties qui font demeurans le plus loin.

Petites matiéres, fommairement expediées.

266. Enjoignons à tous nos Juges & autres, qu'ils ayent à vuider les petites matiéres non excedans la fomme de dix florins, valant chacun florin douze fols tournois, le plus fommairement que faire fe pourra, fans tenir longuement

ment les Parties en procès, fur peine d'amende arbitraire & de fufpenfion de leurs Offices.

Juges auront témoins fommairement, en cas peu important.

267. Et efdites matières où il n'y aura qu'un fait ou deux, aifés à prouver, lefdits Juges faffent amener en jugement devant eux les témoins, & leurs dépofitions, faffent fommairement rediger par écrit dedans l'appointement où ils verront que bonnement il fe pourra faire.

Juges produiront le dicton avant leur Sentence, & comment.

268. Ordonnons que tous les Juges & Jufticiers de notredit Pays de Dauphiné, tant nôtres que autres, avant qu'ils prononcent leurs Sentences diffinitives ou autres, dont les Parties feront appointées en droit, bailleront au Greffier de la Cour, en écrit, le brief ou dicton de leur Jugement tels qu'ils prononceront, lequel brief ou dicton ledit Greffier fera tenu garder par devers lui, & l'enregiftrer.

Greffier ne figneront la Sentence ni appointement du Juge.

269. Et ne fignera la Sentence ou appointement du Juge, après qu'elle fera prononcée & mife en forme, finon que le brief ou dicton dudit Jugement, tel que lui aura été baillé, foit mis en écrit en ladite Sentence, de mot à mot, fur peine d'en être puni comme de crime de faux.

Copie du Jugement baillée aux Parties par le Greffier.

270. Sera tenu ledit Greffier, incontinent après ladite Sentence prononcée, bailler aux Parties qui le requerront la copie de brief dudit Jugement ou appointement tel que le Juge lui aura baillé, fous le feing manuel d'icelui Greffier.

Foi ajoutée aux Sentences données en la forme fufdite.

271. Et fera foi ajoutée aux Sentences & appointemens faits en la forme fufdite, finon que l'une des Parties veuille arguer icelles Sentences, ou appointemens de faux.

Juges ne conftitueront les Parties en frais à la vifite de Procès.

272. Défendons à tous nos Juges de notredit Pays de Dauphiné, de ne conftituer les Parties en aucuns frais, pour la vifitation des procès & payement des Affeffeurs, encore qu'il fût requis par lefdites Parties, ou l'une d'icelles.

Limitation.

273. Sinon que lefdits Juges, en voyant lefdits procès, trouvaffent difficultés notables, pour lefquelles fût befoin & néceffaire affembler Affeffeurs; auquel cas, fans aucunement le faire fçavoir aux Parties, ne leur ordonner de configner épices, ils appelleront des plus notables perfonnages, non fufpects ne favorables, en nombre competent & raifonnable, felon les difficultés & grandeur des matières; en la compagnie defquels feront taxés les épices en leurs loyautés & confciences, dont la taxe fera mife aux bas du dicton de la Sentence par le Juge; & ce fait, mis au Greffe, pour être incontinent fait entendre, par le Greffier, aux Parties, que le procès eft jugé; & faire apporter les épices par celui qui aura obtenu, pour par les mains du Greffier être les épices baillées au Juge, & mis par le Greffier, fur le replis de la groffe de ladite Sentence.

F

Les Juges ne tireront les sujets hors leurs Jurisdictions ordinaires.

274. Défendons à tous Juges, de ne tirer les sujets d'une jurisdiction en l'autre, ores qu'ils fussent tous à un Seigneur. Et enjoignons à tous Prélats, Barons & autres ayant justice, de commettre Officiers qui tiendront les plaids ez lieux esquels ils ont leur Justice, de quinze en quinze jours, ou plus souvent, si l'abondance des causes le requiert ; & où y a droit d'assise, lesdits Officiers tiendront l'assise quarante fois l'an.

Toutes jurisdictions laissées aux Juges ordinaires, & comment.

275. Voulons & ordonnons que toutes justices & jurisdictions soient laissées aux Juges ordinaires, & à chacun en sa jurisdiction, des causes & matières dont ils ont & doivent avoir la connoissance par nos Ordonnances, sans que nos Justiciers & Officiers les puissent traire pardevant eux, sinon que ce fût en cas Royaux, cas de ressort & souveraineté, négligence, & cas reservés par nos Ordonnances, tant en notredite Cour de Parlement, que autres.

Juges comment recevront le serment des Notaires, Sergens, &c.

276. Défendons à nos Juges ne recevoir le serment des Greffiers, Notaires, Sergens, ni d'autres Officiers, ni aussi des Avocats & Procureurs, ne maîtres de métier, en leurs Sièges, sans appeller & ouir nos Avocat & Procureur en iceux Sièges ; en déclarant ce qu'autrement aura été fait, nul & de nul effet & valeur.

Greffiers prononceront les Sentences en jugement.

277. Prohibons à tous Juges, qu'ils n'ayent à prononcer & proferer aucunes Sentences diffinitives, qu'ils ne soient en plein auditoire de leurs Cours, ez jours & heure qu'on a accoutumé de tenir les plaids, & en pleine Audience, & eux séans en plein jugement, & qu'elles soient prononcées par eux ou par le Greffier en leur présence au jour assigné aux Parties ; & déclarons les Sentences autrement données nulles, & voulons les Juges qui les donneront, être condamnés en l'amende.

Sentences provisionnaires exécutoires, nonobstant l'appel.

278. Avons ordonné & ordonnons que les Sentences provisionnaires données en matière d'alimens ou médicamens, par Sentence de nos Juges, seront exécutoires, nonobstant oppositions ou appellations quelconques, & sans préjudice d'icelles.

Juges ressortissans sans moyen en la Cour, passeront outre.

279. Voulons que nos Juges ressortissans sans moyen en notredite Cour de Parlement, puissent passer outre jusqu'à diffinitive inclusivement, nonobstant les appellations qui se pourroient interjetter en notredite Cour de Parlement, de leurs interlocutoires qui se peuvent reparer en diffinitive, & sans préjudice d'icelles appellations,

Juges passeront outre, & pourquoi.

280. Et pour ce qu'icelle notre Ordonnance, par nosdits Juges, à cause des inhibitions & défenses qui leur ont été faites tant par vertu de reliefs, en cas d'appel, que pareillement par lettres de, *ne lite pendente*, de notredite Cour, avons ordonné & ordonnons, que nonobstant icelles inhibitions, pourront proceder outre, sans sur ce attendre permission ou injonction par nos Lettres de Chancellerie : toutefois, si par notredite Cour, parties ouies, étoit ordonné inhibitions être faites, de ne proceder, leur enjoignons y obéir.

Quelles Sentences exécutées, nonobstant l'appel.

281. Ordonnons, que les Sentences provisoires qui se donneront par les Juges Royaux Delphinaux, en matiere de dot ou repétition d'icelui, de dation de tutelle, confection d'inventaire, interdiction de biens aux prodigues & insencés, refection de ponts & passages ; & aussi quand il sera question de salaire ou loyers de serviteurs, de trois ans & au-dessous, seront icelles Sentences provisoires exécutées nonobstant oppositions ou appellations quelconques, & sans préjudice d'icelles ; & en baillant toutefois, par lesdits serviteurs caution telle qu'ils la pourront bailler, de rendre lesdits salaires ou loyers, s'il étoit dit en fin de cause ; les autres Ordonnances de nos Prédécesseurs Roys, faisans mention des alimens, doüaires, medicamens & autres provisions demeurans en leur force & vertu.

Appel de la Sentence des Arbitres.

282. Ordonnons que toutes parties qui compromettront en Arbitres, arbitrateurs ou amiables compositeurs, & chacun d'eux avec adjection de peine, après que Sentence sera donnée par lesdits Arbitres, arbitrateurs ou amiables compositeurs, la partie prétendant être grevée pourra recourir ou appeller au Juge ordinaire ; & si par le Juge ordinaire ladite Sentence est confirmée, en ce cas ne sera reçuë partie à appeller de la Sentence dudit Juge ordinaire, sinon en payant préalablement la peine apposée en l'arbitrage ; sauf, toutefois à icelle partie recouvrer, s'il est dit, en fin de cause.

Juges, comment & quelles Sentences exécuteront.

283. Voulons, qu'és matieres qui doivent être exécutées, nonobstant oppositions ou appellations quelconques, & sans préjudice d'icelles, nosdits Juges exécuteront leurs Sentences, sans attendre nos Lettres de Chancellerie, ni commission ou autorisation de notredite Cour.

Des matiéres possessoires.

Lettres de Chancellerie, comment baillées.

284. Défendons de ne bailler Lettres en notre Chancellerie, pour conduire le petitoire ensemble avec le possessoire, en matiere de nouvelleté, & si par inadvertance, aucunes Lettres étoient baillées au contraire, voulons que les Juges n'y obéissent en aucune maniere, & que les Impetrans d'icelles soient punis d'amende arbitraire.

Parties y succombans, condamnées en amende, & és dépens.

285. Et que quand les parties succomberont en matiere de nouvelleté, soient condamnées és dépens, dommages & interêts envers leurs parties, & en amende arbitraire envers Nous.

Lettres de surséance de complainte, défenduës.

286. Défendons n'octroyer en notre Chancellerie aucunes Lettres de surséance de complainte ou fournissement d'icelle : & pourront les Juges desdites complaintes y pourvoir, ainsi qu'ils verront être à faire par raison.

Titres & qualifications apportées.

287. En matiere possessoire bénéficiale, seront les parties, d'une part &

d'autre tenuës apporter, au jour de la premiere affignation, leurs titres & qualifications (pour fur iceux être jugé plein poffeffoire ou recréance, promptement & fur le champ, fi faire fe peut.

288. Et où, pour les difficultés qui s'y pourroient trouver, ne fe pourroit ladite adjudication faire promptement & fur champt, fera ordonné, que le bénéfice fera fequeftré & régi fous notre main, felon nos Ordonnances générales; & feront les parties appointées à mettre par devers le Juge, par un feul délay, leurfdits titres & qualifications, avec un brief avertiffement, pour fur iceux donner Sentence & jugement fur ledit poffeffoire.

Informer fur preuves fufpectes.

289. Si en procédant à la vifitation defdits procès, eft trouvé par le Juge, qu'il y ait aucuns faits recevables, qui ne foient verifiés, & où y gît preuve de témoins ou autres, feront les parties appointées à informer fur lefdites preuves, par un feul délay; & par même jugement fera la créance adjugée à celui qui fera trouvé avoir le plus clair & apparent droit par l'infpection de leurfdits titres & qualifications.

Sentences de recréance exécutées, nonobftant l'appel.

290. Et fera la Sentence de recréance exécutée, nonobftant appel, en baillant caution; fors, que fi ladite recréance étoit adjugée par Arrêt de notredite Cour de Parlement, fera exécutée fans caution.

Inftances poffeffoires, complaintes ou réintegrande, expediées.

291. Seront toutes inftances poffeffoires de complainte ou réintegrande vuidées fommairement, les preuves faites, tant par lettres que témoins, dadans un feul délay, arbitré au jour de la conteftation, & fans plus y retourner par relevement de notre Chancellerie ni autrement.

Sentences de fourniffement de complaintes, exécutoires.

292. Toutes Sentences de fourniffement de complainte, tant en matiére Eccléfiaftique que prophane, feront exécutoires, nonobftant l'appel.

Procedure des Juges reffortiffans fans moyen en la Cour.

293. Et à ce que nos Juges Provinciaux reffortiffans fans moyen en notredite Cour de Parlement, puiffent plus fûrement proceder au jugement defdites recréances, avons enjoint & enjoignons aufdits Juges, qu'ils appellent avec eux quatre, ou trois, pour le moins, des Avocats, Praticiens de leurs Sièges & auditoires, non fufpects ne favorables à l'une ni à l'autre des parties; qui feront tenu avec notredit Juge figner la Sentence ou dicton d'icelle.

Poffeffoires fur le petitoire, comment pourfuivi.

294. La partie qui aura intenté le poffeffoire en matiere bénéficiale, ne pourra faire pourfuite pardevant le Juge d'Eglife fur le petitoire, jufques à ce que le poffeffoire ait été entierement vuidé par Juge de pleine maintenuë, & que les parties y ayent fatisfait & fourni, tant pour le principal, que pour les fruits, dommages & interêts.

295. Et pource qu'il s'eft aucunefois trouvé par ci-devant és matiéres poffeffoires bénéficiales, fi grande ambiguité ou obfcurité fur les droits & titres des parties, qu'il n'y avoit lieu de faire aucune adjudication de maintenuë à l'une ou à l'autre des parties; au moyen de quoi étoit ordonné, que les bénéfices demeureroient fequeftrés, fans y donner autre jugement abfolutoire, ou condamnatoire

fur l'inftance poffeffoire ; & les parties renvoyées fur le petitoire, pardevant le Juge Eccléfiaftique.

296. Nous avons ordonné & ordonnons, que dorénavant, quand tels cas fe préfenteront, foit donné jugement abfolutoire, au profit du défendeur & poffef-feur, contre lequel a été intenté ladite inftance poffeffoire ; & le demandeur & autres parties, déboutées de leurs demandes & oppofitions refpectivement faites, requêtes & conclufions fur ce prifes, fans ufer de renvoy pardevant le Juge d'Eglife fur le petitoire, fur lequel fe pourvoiront les parties fi bon leur femble, & ainfi qu'ils verront être à faire, & fans les y aftraindre par ledit renvoi.

Ne recevoir complainte, après l'an, quelles.

297. Ne fera reçue aucune complainte après l'an, tant en matière prophane que bénéficiale, finon qu'il apparut efdites matières bénéficiales le défendeur n'avoir titre apparent pour juftifier fa poffeffion.

Pretendans droit és Bénéfices, n'y commettront violence.

298. Défendons à tous nos Sujets prétendans droit & titre és bénéfices de notre-dit païs, de ne commettre aucune force ne violence publique efdits bénéfices & chofes qui en dépendent : & avons, dès-à prefent comme dès lors, déclaré & déclarons ceux qui commettront lefdites forces & violences publiques, privés du droit poffeffoire qu'ils pourroient prétendre efdits bénéfices.

Forme de refigner Bénéfice.

299. Ordonnons, que fi pendant un procès en matiere bénéficiale, l'un des litigens refigne fon droit, fera tenu faire comparoir en caufe celui auquel il aura refigné : autrement, fera procedé à l'encontre du refignant, tout ainfi que s'il n'avoit refigné : & le jugement qui fera donné contre lui, fera exécutoire contre le refignataire.

Quels Commis au regime des Bénéfices contentieux.

300. Quand aucune complainte fera formée, foit en matiére bénéficiale, Eccléfiaftique, ou prophane, nos Juges foient Prefidens, Confeillers, Baillifs, Sénéchaux, leurs Lieutenans ou autres Officiers qui auront connu de la matiere, leurs enfans ou parens, ne pourront être commis au regime de la chofe conten-tieufe, mais feront tenus commettre autres gens notables, non fufpects ni favora-bles à l'une ni à l'autre des parties, à moindre frais que faire fe pourra : fur peine de fufpenfion de leurs offices.

Matiéres bénéficiales, promptement vuidées en la Cour.

301. Les matiéres bénéficiales & Eccléfiaftiques dévolues en notredite Cour de Parlement, par appellations extraordinaires & autres voyes obliques, feront promp-tement, fommairement, & de plein vuidées, & tous incidens, par le moyen def-quels telles matiéres font introduites en notredite Cour de Parlement.

Expedier les caufes bénéficiales, felon les Concordats.

302. Se conduiront, gouverneront & jugeront les caufes & matiéres des Eglifes & bénéfices de notredit Pays de Dauphiné, le plus fommairement & briévement que faire fe pourra, & felon les Concordats entre le Saint Siége Apoftolique, & Nous & les indults à Nous concédés par ledit Saint Siége, qui feront gardés & obfervés en notredit Pays de Dauphiné, Comté de Valentinois & Dyois, comme és autres parties & endroits de notre Royaume.

Des Prefidens & Auditeurs en la Chambre des Comptes.

Prefidens & Auditeurs des Comptes feront refidence.

303. Ordonnons que les Prefidens & Auditeurs de notre Chambre des Comptes au Dauphiné, feront tenus refider perfonnellement en leurs Offices & ne pourront faire dépêches qu'ils ne foient tous fix, ou quatre pour le moins, en la chambre à eux ordonnée ; & au cas qu'ils ne fuffent que cinq ou quatre, & que le cinquième ou fixième fût abfent, fera fait mention en l'expédition de de ladite abfence.

Lefdits Prefidens & Auditeurs n'abfenteront fans congé.

304. Lefquels abfens, pendant icelle abfence, ne prendront aucuns gages ni émolumens, fi ce n'eft qu'ils fuffent en commiffion pour nos affaires, commis par Nous ou par notredite Chambre : & ne fe pourront abfenter autrement fans notre licence & permiffion, à peine de fufpenfion de leurs Offices, pour la premiere fois, & de privation pour la feconde.

Limitation.

305. Sinon que pour maladies des pères & mères, & fucceffion à eux échûes, ou autres chofes raifonnables touchant leurs affaires particulieres, fuffent contraints eux abfenter & aller hors notre Ville de Grenoble, que toute-fois, faire ne pourront, que par licence & congé de ladite Chambre, fur la peine que deffus ; laquelle Chambre leur arbitrera le délai plus brief que faire fe pourra, pour leur retour, felon l'exigence des cas ; fur quoi en chargeons la confcience d'icelle Chambre, en laquelle voulons être fait regiftre dudit congé, afin de ne connoître fi la caufe eft probable & légitime.

Receveurs en la Chancellerie, & des amendes, rendront compte.

306. Voulons que dorénavant ceux qui recevront les deniers de l'émolument du fcel ou féaux, tant de notredite Chancellerie, que de l'expédition de la Juftice, enfemble les Receveurs de toutes les amendes à nous adjugées, feront tenus en rendre bon & loyal compte en notre Chambre des Comptes en Dauphiné, appellé notre Procureur Général, pour notre intérêt, dont le reliqua fera mis ez mains de notre Receveur Général audit Pays.

N'allouer aucune partie efdits comptes.

307. Défendons aux Auditeurs des Comptes, allouer aucune partie en la dé-penfe defdits comptes, finon qu'elle ait été faite felon nos anciennes Ordonnances.

N'employeront l'argent du Domaine, à peine du quatruple.

308. Et pour ce qu'avons été avertis, que grandes fommes de deniers de notre Domaine en notredit Pays de Dauphiné eft confumée en plufieurs procurés & vains voyages, que l'un dreffe à l'autre, à notre grand dommage. Inhibons & défendons aux gens de notredite Chambre des Comptes faire tels voyages ; & où ils les feroient ci-après, & pour ce prendroient de nos deniers, Nous voulons qu'ils foient tenus en rendre le quatruple.

Quelles matières connoîtront les Gens des Comptes.

309. Défendons aux Gens de notredite Chambre des Comptes de Dau-

phiné ; connoître des matiéres patrimoniales, quand il s'offrira, en laquelle sera requis jurifdiction contentieuse avec forme & figure de Procès, auquel cas ils seront tenus en délaisser la connoissance à notredite Cour de Parlement : sans toutefois les empêcher de décider promptement & sommairement les choses qui consistent en ligne de compte, pour le regard des Receveurs & comptables.

Menues dépenses de la Chambre des Comptes.

310. Ordonnons être fourni par notre Tréforier & Receveur Général audit Pays de nos deniers, jufques à la somme de deux cent livres tournois pour la chandelle, bois, buvettes, encre, papier, plumes, filet, & autres menues dépenses néceffaires pour notredite Chambre des Comptes.

Ne disposeront des deniers d'amandes & émolument du Scel.

311. Défendons ausdits Préfident & Auditeurs de notre Chambre des Comptes audit Pays, ne disposer des amandes à nous adjugées, ni des deniers procedans de l'émolument de notre Scel, ni d'autres nos deniers, sur peine de les reprendre sur eux.

Salaire pour Lettres enregistrées en icelle Chambre.

312. Voulons que pour les extraits qui seront faits, & Lettres qui seront enregistrées en notredite Chambre des Comptes, ne soit payé qu'à la raison de seize sols Parisis pour peau, pour le droit du Greffier ou Secretaire en ladite Chambre, & pour le vin du Clerc, à raison de quatre sols Parisis pour peau, & défendons ausdits Préfident & Auditeurs, de ne prendre aucun salaire desdits extraits & enregistremens.

Des Juges inférieurs au Parlement, tant refforffans fans moyens, que autres.

Juges refforffans fans moyens, réfideront en leurs Offices.

313. Seront tenus nos Officiers en notredit Pays de Dauphiné, réfider perfonnellement en leurs Offices, sans eux pouvoir abfenter au temps que la Justice se peut exercer, sans exprese licence & permiffion de nous, ou pour cause raisonnable, dont sera fait regiftre au Greffe de la jurifdiction dont fera question, afin de connoître fi la cause est probable & légitime ; & où elle feroit autre, & que sans cause raisonnable & légitime ils feroient dorénavant abfens de leurs Offices par le temps de trois mois continuels, leurs Offices font déclarés vavans & impétrables, sans autre déclaration.

Juges, & leurs Lieutenans, ne prendront indûement.

314. Défendons à nos Juges, leurs Lieutenans & autres Officiers, de prendre ni recevoir par eux, ou interpofites perfonnes, aucune chose, soit par forme de don gratuit libéralement fait, ou autrement, en quelque maniére que ce soit, sous couleur de leurs Offices, des Notaires, Sergens ni d'aucuns autres nos Sujets en leurs jurifdictions, sur peine de privation de leurs Offices, & à nofdits Sujets, d'amande arbitraire.

Juges errans en fait & en Droit, puniffables.

315. Voulons, que fi en jugeant les Procès, on trouvoit par la vifitation d'iceux, que les Juges euffent manifeftement erré en fait ou en Droit, notredite Cour de Parlement ait à mulcter & punir iceux Juges en amande arbitraire.

Juges, Avocats & Procureurs, quels Offices à eux interdits.

316. Avons défendu & défendons à tous nos Juges, Avocats & Procureurs, ne prendre ni tenir aucuns Offices, penfions ou gages des Sujets de leur reffort & jurifdiction, fur peine de fufpenfion ou privation de leurs Offices.

Officiers ne feront fermiers ni perfonniers, en leurs jurifdictions.

317. Ne pourront nos Officiers, ni autres Officiers des Seigneurs jufticiers & inférieurs en notredit Pays de Dauphiné, être fermiers ni perfonniers és fermes de terres, Seigneuries, où ils exerceront leurfdits Offices.

Baillifs, Sénéchaux, & leurs Lieutenans, és amandes.

318. Défendons à nos Baillifs & Sénéchaux, leurs Lieutenans & autres nos Juges, ne difpofer aucunement des deniers des amandes à nous par eux adjugées, ni de nos autres deniers, fur peine de les reprendre fur eux, & d'amande arbitrale, ains lairront entiérement venir iceux deniers és mains de notre Receveur, qui en fera comptable, & en fera entière recette à la reddition de fon compte.

Parties des amandes aux frais des crimes.

319. Mais à ce que la pourfuite des crimes & délits, & des autres affaires efquels notre Procureur fera partie principale, ne demeure en arrière par faute de fournir aux frais néceffaires, entendons ordonner pour chacun Siége de nofdits Baillifs & Sénéchaux en notredit Pays de Dauphiné, certaines fommes de deniers, à être prifes par les mains de nos Receveurs, & fur les deniers provenans defdites amandes, pour lefdits frais néceffaires de Juftice.

Limitation.

320. Lefquelles fommes feront par nous arbitrées felon l'étendue de chacun defd. Siéges, eu premiérement fur ce l'avis de notredite Cour de Parlement, des Gens de notredite Chambre des Comptes audit Pays, & de notre Procureur Général, lequel avis ils nous envoyeront dedans trois mois.

Maniére de procéder contre les criminels, tant en la Cour de Parlement, qu'és Cours inférieures.

321. Nous enjoignons à tous nos Juges, qu'ils ayent à diligemment vacquer à l'expédition des Procès & matiéres criminelles, préalablement & avant toutes autres chofes, fur peine de fufpenfion & privation de leurs Offices, & autres amandes arbitraires, où ils feront le contraire, dont nous chargeons l'honneur & confcience de notredite Cour.

Procès criminels fe feront par les Juges ou leurs Lieutenans.

322. Nous voulons, que tous Procès criminels fe faffent par les Juges ou leurs Lieutenans & Affeffeurs, & non par leurs Procureurs & Avocats, les Greffiers ou leurs Clercs, ou commis, tant aux interrogatoires, recollemens & confrontations, qu'autres actes & endroits defdits Procès criminels; & ce fur

peine

peine de fufpenfion de leurs Offices, & de privation d'iceux, ou plus grande peine & amende, s'ils étoient coutumiers de ce faire.

Promptement informer, conclurre & provifionner.

323. Sitôt que la plainte defdits crimes, excès & maléfices leur aura été faite, & qu'ils en auront autrement été avertis, ils en informeront, ou feront informer bien & diligemment, pour incontinent après l'information faite, communiquer à notredit Procureur; & vûes fes conclufions, qu'il fera promptement tenu faire au bas defdites informations, & fans aucun falaire en prendre, être décernée par le Juge telle provifion de juftice qu'il verra être à faire felon l'exigence du cas.

Provifions & décrets du Juge, en diction & fignés.

324. Sera ladite provifion, ou décret du Juge redigée par écrit, & mis en forme de diction, figné par ledit Juge & par le Greffier avec fa datte, fur quoi fera fait mandement de la datte dudit diction, avant pouvoir faire l'exécution.

Greffier produira mandement pour être exécuté.

325. Lequel mandement ainfi fait, foit de prife de corps ou d'ajournement perfonnel, ledit Greffier fera tenu bailler au Procureur du lieu, en mettant au deffous (baillé au Procureur tel jour) qui fera tenu le faire mettre à exécution incontinent & le plus diligemment que faire fe pourra, à peine de l'amende contre lefdits Juges, Procureurs & Greffiers qui feroient trouvés négligens chacun refpectivement en fa charge.

Juges inférieurs, fur prife de corps & ajournemens.

326. Avons ordonné, quant-aux Juges inférieurs de notredite Cour de Parlement, qu'en matière criminelle ne fera procedé par prife de corps ou ajournement perfonnel, fans informations dûement prifes du crime & délit dont fera chargé le criminel, & que le décret de prife de corps ou d'ajournement perfonnel ait été fait; fauf, que fi aucuns étoient trouvés délinquans, en flagrant délit, & en apparent foupçon de fuite, ils pourront être arrêtés & conftitués prifonniers, fans attendre le décret du Juge.

Diligemment interroger les criminels, & ajournés en perfonne.

327. Seront incontinent lefdits délinquans, tant ceux qui feront enfermés, que les ajournés à comparoir en perfonne, bien & diligemment interrogés, leurs interrogatoires réiterés & répétés felon la forme de droit & nos anciennes Ordonnances, & felon la qualité des perfonnes & matières, pour trouver la vérité defdits crimes, délits & excez, par la bouche des accufés, fi faire fe peut.

Communiquer au Procureur Général les informations.

328. Après lefdits interrogats parfaits, parachevés & mis en forme, feront incontinent montrés & communiqués à notre Procureur, qui fera tenu les voir à toute diligence, pour avec le confeil de fon Avocat y prendre les conclufions pertinentes.

Communiquer les confeffions vûes par le Procureur Général.

329. Et s'il trouve les confeffions de l'accufé être fuffifantes, & que la qualité de la matière foit telle, qu'il puiffe & doive prendre droit par icelle, il communiquera lefdites confeffions à la partie privée, s'aucune y a, pour fçavoir fi elle veut femblablement prendre droit par icelles; pour ce fait, bailler lefdites

G

conclufions par écrit à leurs fins refpectivement, & icelles être communiquées à l'accufé, pour y répondre par forme d'attenuation tant feulement.

Témoins confrontés & recollés à l'accufé.

330. Et s'ils, ou l'un d'eux ne veulent prendre droit par lefdites confeffions, fera incontinent ordonné que les témoins feront amenés, pour être recolés & confrontés audit accufé dedans le délai qui fur ce fera ordonné par juftice, felon la diftance des lieux, qualité de la matière & des parties.

Limitation.

331. Sinon que la matière fût de fi petite importance, qu'après les parties ouïes en jugement, on dût ordonner qu'elles foient reçûes en procès ordinaire, & leur préfiger un délai pour informer de leurs faits, & cependant élargir l'accufé à caution limitée felon la qualité de l'excès & du délit, & à la charge de fe rendre en l'état au jour de la reception de l'enquête.

Limitation.

332. Et fi dedans le délai baillé pour amener témoins, & les faire confronter, ou pour informer, comme deffus, n'avoit été fatisfait & fourni par les parties refpectivement, fera le procès jugé en l'état qu'il fera trouvé après ledit délai paffé, & fur les conclufions qui fur ce feront promptement prifes & baillées par écrit de chacun côté, & chacun à leurs fins; finon que pour grande & urgente caufe on donne autre fecond délai pour faire ce que deffus, après lequel paffé, n'y pourront jamais retourner par relevement ne autrement.

Accufés ne feront élargis, & pourquoi.

333. Ez matières fujettes à confrontation, ne feront les accufés élargis pendant les délais qui feront baillés pour faire ladite confrontation.

Témoins recolés, confrontés à l'accufé.

334. Quand les témoins comparoîtront pour être confrontés, ils feront incontinent recolés par les Juges, & par ferment en l'abfence de l'accufé, & fur ce qu'ils perfifteront, & qui fera à la charge de l'accufé, lui feront incontinent confrontés feparément, & à part l'un après l'autre.

Forme de confrontation.

335. Pour faire ladite confrontation comparoîtront tant l'accufé que le témoin pardevant le Juge, lequel en la préfence l'un de l'autre, leur fera faire ferment de dire verité; & après icelui fait, & auparavant que lire la dépofition du témoin en la préfence de l'accufé, lui fera demandé s'il a aucunes reproches contre le témoin illec préfent, & enjoint de les dire promptement; que voulons qu'il foit tenu de faire, autrement n'y fera jamais reçû, dont il fera bien expreffement averti par le Juge.

Propofer reproches en confrontant témoins.

336. Et s'il n'allegue aucune réproche, & déclare ne le vouloir faire, fe voulant arrêter à la dépofition des témoins, ou demandant délai pour dire ou bailler par écrit lefdits reproches, ou après avoir mis par écrit ceux qu'il avoit promptement allegués, fera procédé à la lecture de la dépofition dudit témoin, pour confrontation, après laquelle ne fera plus reçû, l'accufé à dire n'y alleguer aucunes reproches contre ledit témoin.

Communiquer au Procureur du Roy pour conclurre.

337. Les confrontations faites & parfaites, fera incontinent le procès mis

entre les mains de noſtre Procureur, qui le viſitera bien & diligemment, pour voir quelles conclufions il doit prendre, ſoient diffinitives ou préparatoires, & les baillera promptement par écrit.

Ses conclufions.

338. Et s'il trouve que l'accufé ait allegué aucun faits peremptoires ſervans à ſa décharge ou innocence, ou aucuns faits de reproches légitimes & recevables, il requerra que l'accufé ſoit promptement tenu de nommer les témoins par lefquels il entend prouver lefdits faits, ſoient juſtificatifs ou de roproches, finon prendre ſes conclufions diffinitives.

Proceder du Juge contre l'accufé.

339. Sur lefdites conclufions verra le Juge diligemment le procès, & fera extrait des faits recevables, fi aucun en y a, à la charge de l'accufé, ſoit pour juſtification ou reproche, lefquels il montrera audit accufé, & lui ordonnera nommer promptement les témoins par lefquels il entend informer defdits faits ; ce qu'il fera tenu faire, autrement jamais n'y ſera reçu.

Témoins nommés par l'accufé.

340. Voulons que les témoins qui ainfi feront nommés par lefdits accufés, ſoient ouïs & examinés *ex officio*, par les Juges ou leurs Commis & Députés, aux dépens dudit accufé, qui fera tenu configner au Greffe la ſomme qui pour celui ſera ordonnée, s'il le peut faire, finon aux dépens de partie civile fi aucune y a, autrement à nos dépens s'il n'y a autre partie civile qui le puiſſe faire.

Où ſe prendront les frais de l'examen, ſi le Roy y fournit.

341. Et à cette fin ſe prendra une ſomme de deniers ſuffifante & raifonnable, telle que ſera délibérée & arbitrée par nos Officiers du lieu, & ce ſur le Receveur de notre Domaine, auquel ladite ſomme ſera alloüée en la dépenſe de ſes comptes, en rapportant l'Ordonnance de nofdits Officiers, & la quittance de la délivrance qu'il aura faite defdits deniers.

Où ſe prendront les frais des procès criminels.

342. Le ſurplus des frais des procès criminels ſe fera aux dépens des parties civiles, fi aucunes y a, ſauf à recouvrer en fin de caufe, & s'il n'y en a point, ou qu'elle ne le puiſſent notoirement porter ſur les deniers de nos recettes ordinaires, comme deſſus.

Accufés fecrettement interrogés, répondront de bouche.

343. En matieres criminelles ne feront les parties aucunement ouïes par confeil, ne puiſſent d'aucune perſonne, mais répondront par leur bouche des cas dont ils feront accufés, & feront ouïs & interrogés, comme deſſus, ſaparément & à part, ôtans & aboliſſans tous ſtiles, ufances ou coutumes, par lefquelles les accufés avoient accoutumé d'être ouïs en jugement, pour ſçavoir s'ils devoient être accufés, & à cette fin avoir communication des faits & articles concernant les crimes & déliéts dont ils étoient accufés, & toutes autres chofes contraires à ce qui eſt contenu ci-deſſus.

Touchant la torture, ſi elle y échet.

344. Si par la viſitation des procès la matiére eſt trouvée fujette à torture ou queſtion extraordinaire, Nous voulons incontinent la Sentence de ladite torture être prononcée au Prifonnier, pour être promptement exécutée, s'il n'en eſt appellant, & s'il y en a appel, être tantôt mené en notre Cour fouveraine, au lieu où nous voulons toutes matieres criminelles reſſortir immédiatement &

G ij

fans moyen, de quelque chofe qu'il foit appellé dépendant defdites matieres criminelles.

Criminels appellans, en quelles prifons mis.

345. Tous criminels appellans & amenés, feront tout droit conduits és prifons de notredite Cour, fans aucunement arrêter ne les retenir en hôtelerie, ni autre part, fur peine à l'exécuteur qui les menera, de perdition d'Office, & d'amende arbitraire.

Regler les parties, fi la torture n'a fait confeffer.

346. Et fi par la queftion ou torture on ne peut rien gagner à l'encontre de l'accufé, tellement qu'il n'y ait matiere de le condamner, nous voulons lui être fait droit fur fon abfolution, pour le regard de la partie civile, & fur la réparation de la calomnieufe accufation ; & à cette fin, les parties ouyes en jugement pour prendre leurs conclufions, l'un à l'encontre de l'autre : & être réglées en procès ordinaire, fi métier eft, & les Juges y voyent la matiere difpofée.

Contre les contumax, témoins valables.

347. Contre délinquans & contumax fugitifs, qui n'auront voulu obéir à Juftice, fera foi ajoutée aux dépofitions des témoins contenus és informations faites à l'encontre d'eux & recolés par autorité de Juftice, tout ainfi que s'ils avoient été confrontés, & fans préjudice de leurs reproches ; & ce quant-aux témoins qui feroient décedés, ou autres qui ne pourroient plus être confrontés lors que lefdits délinquans fe repréfenteront à Juftice.

Condamnés en amende au Roy, payeront par prifon.

348. Ordonnons, que les condamnés en amende envers Nous, tiendront prifon jufqu'à ce que payement foit fait ; & ne pourront les Greffiers bailler écrou ni délivrance aufdits condamnés, s'ils n'ont quittance de notre Receveur, ou les deniers en leurs mains, dont ils feront tenus de répondre à notredit Receveur.

Condamnés en amende & prifon, comment élargis.

349. Semblablement, que les condamnés en amende à tenir prifon, pour l'interêt de partie, ne feront délivrés fans que le confentement de ladite partie foit enregiftré ; duquel ledit Greffier fera mention en fon écrou.

S'il y a appel de l'amende, élargi en confignant.

350. Si des Sentences de nos Juges, ou d'autres Juges inférieurs, contenans condamnation d'amende, y a appel de la part du condamné feulement, il pourra être élargi, en confignant és mains de notre Receveur ou du Receveur du Seigneur de la Juftice duquel aura été faite la condamnation, l'amende en laquelle il aura été condamné envers Nous ou ledit Seigneur, en baillant caution, quant-à l'interêt de partie civile.

Procureur Général ou du Seigneur, appellans d'amende.

351. Si notre Procureur ou le Procureur dudit Seigneur étoit appellant à *minima*, le condamné ne fera élargi pendant ledit appel : mais fi la partie civile feulement étoit appellante, le condamné pourra être élargi, en baillant caution de le repréfenter, ou payer le Juge, jufqu'à certaine fomme, qui fera arbitrée pour le Juge dudit appel.

Emprisonnés à tort, recompensés.

· 352. Et au regard de ceux qui auroient fait faire quelque emprisonnement à tort, ils tiendront prison jusques à ce qu'ils ayent payé les dommages & interêts de la partie emprisonnée, tels qu'ils seront taxés par Justice, & qu'il en soit apparu par acte dudit Greffier ; iceux dommages préalablement liquidés.

Restraindre les Prisonniers criminels, en jugeant leurs procès.

· 353. Voulons, qu'en toutes matières criminelles, se voyant & consultant le procès ordinaire, on trouve que le prisonnier élargi doive être condamné en aucune peine corporelle, criminelle ou civile, nosdits Baillifs, Sénéchaux & Juges ou leurs Lieutenans, feront restreindre ledit prisonnier, ou en avertiront nosdits Avocat & Procureur, pour faire la diligence, à ce que Justice soit asseurée de la personne du condamné, & que la Sentence soit prononcée en sa présence, & incontinent exécutée, s'il n'en est appellé.

Porteurs de graces & remissions, comment les presenteront.

· 354. Tous porteurs de graces, remissions, ou pardons, de quelque état & qualité qu'ils soient, seront tenus les presenter en jugement, à l'Audience, & en sera faite lecture en leur présence, nue tête & à genoux ; nos Procureur & Avocat & les parties, si aucunes en y a, appellés ; & sera interrogé le requerant, par serment, si lesdites Lettres contiennent verité, & s'il en demande l'interinement ; & incontinent sera envoyé en prison fermée, pour être plus amplement interrogé sur le cas, mêmement sur les informations, si aucunes en y a.

Si elles ne contiennent verité, qu'en aviendra.

355. Et s'il y a informations précédentes ou subséquentes ausdites Lettres, qui le chargent plus que le contenu en icelles Lettres, & la matiere y est disposée, sera contre lui procedé extraordinairement sur la subreption ou obreption desdites, selon le contenu esdites informations, & ainsi qu'est dit dessus des autres criminels.

Si veritables, les porteurs d'icelles absous.

356. Si nos Lettres de remission, grace ou pardon, la confession du porteur d'icelles, lesdites informations, & la verité du fait, sont trouvés conformes & consonans, nos Avocat & Procureur, avec les parties, seront ouis, pour au surplus être procedé à l'interinement desdites Lettres ainsi qu'il appartiendra par raison : auquel cas ne seront condamnés les porteurs d'icelles Lettres en aucune peine ni amende envers Nous.

Porteurs de remissions, graces & pardons, pourquoi punis.

357. Et si lesdites Lettres de remission, grace ou pardon, sont trouvées obreptices ou subreptices, voulons que le criminel & porteur d'icelles soit puni, sans avoir égard ausdites Lettres, & comme si elles n'avoient jamais été obtenuës.

Juges ne prendront aucune chose à élargir les Prisonniers.

358. Nous défendons à tous Juges, & autres Officiers, soient nos Avocats, Procureurs, ou Greffiers & autres, qu'ils ne prennent ni reçoivent dorénavant aucune somme de deniers, ni chose équipolant, par eux ne par interpositès personnes, pour les élargissemens des prisonniers, ajournés à comparoir en personne ou arrêtés, quelque coutume locale ou usage qui soit au contraire, laquelle nous avons abolie & abolissons.

Officiers n'exigeront rien à l'interinement des graces , &c.

359. Semblablement , défendons à tous nos Officiers , que pour l'interinement defdites Lettres de remiffions , graces , pardons & rappeaux de ban , ils ne prennent aucune chofe , par eux , ne par interpofites perfonnes , fur peine de fufpenfion ou privation de leurs Offices.

Regiftre de l'élargiffement des prifonniers , par le Greffier.

360. Le Greffier fera tenu avoir un Regiftre , auquel écrira la délivrance , élargiffement , & toutes autres expéditions de chacun prifonnier , en brief , en mettant le jour de fon emprifonnement , par qui , & comment il fera expedié ; fans toutefois déclarer les procès ni les informations , qu'il gardera par devers lui : & incontinent ladite expedition faite , baillera ou envoyera ledit Greffier ou Géolier ou Garde des Prifons un écrou ou brevet , contenant le jour , en forme de l'expedition.

Prifonniers interrogés en la Chambre criminelle.

361. Ne feront les prifonniers ou ajournés à comparoir en perfonne interrogés en la maifon des Juges , ni en autre lieu privé ; mais en la Chambre criminelle.

Interrogatoires , recolemens & confrontations , par qui.

362. Défendons aux Greffiers des Juges ordinaires , & auffi de notre Cour de Parlement , d'interroger les criminels , & aufdits Juges , & pareillement à notredite Cour , de commettre lefdits Greffiers ou leurs Clercs , à interroger iceux criminels ; mais feront faits les interrogatoires , recolemens & confrontations par les Juges ordinaires pardevant lefquels les procès feront pendans , ou par leurs Lieutenans : & quant-à ceux qui font en notredite Cour de Parlement , par deux des Confeillers d'icelle , qui à ce faire feront commis par nofdits Prefidens.

Par défaut fur ajournement perfonnel , prife de corps.

363. Ordonnons , qu'és matières criminelles , par vertu du premier défaut donné fur adjournement perfonnel , fera décernée prife de corps : & s'il y a deux défauts , fera dit , qu'à faute de pouvoir apprehender le défaillant ; il fera ajourné à trois briefs jours , avec annotation & faifie de fes biens , jufqu'à ce qu'il ait obéi.

Criminel contumax , forclos en défence , & convaincu.

364. Après lefquels délais , s'il eft toujours défaillant & contumax , fera en procedant contre lui , déclaré le profit d'iceux défauts , par Sentence diffinitive , par laquelle il fera forclos de toutes exceptions & défenfes , & déclaré atteint & convaincu des cas & crimes à lui impofés ; & pour la punition d'iceux , fera condamné à fouffrir peine felon l'exigence du délict dont il fera accufé , avec la reftitution des dépens , dommages & interêts de partie pourfuivant

Jugés temporels ne composeront en cas de crime.

365. Ordonnons que toutes compofitions de crimes par gens ayant juftice & connoiffance des cas criminels , & Officiers , foient notres ou autres , cefferont dorénavant ; en défendant à tous Jufticiers ayans & tenans jurifdictions temporelles en notredit pays , fur peine de perdre leurfdites jurifdictions , qu'aucuns ne mettent à compofition en cas de crime & excez.

Juges ne remettront la miféricorde des crimes, à quels.

366. Ains en laiffent faire la juftice par leurs Officiers, aufquels ordonnons la faire telle qu'il appartiendra, fans en leurs Sentences fufpendre leurs condamnations & jugemens, & ne remettront la modération à la miféricorde du Seigneur duquel ils font Officiers, fur peine de privation de leurs Offices, & d'amende arbitraire : en défendant auffi aux Seigneurs, ne faire telles modérations ne miféricorde.

Appellans en Cour, ni feront menés que pour deux cas.

367. Ne feront les prifonniers, appellans en notredite Cour de Parlement, menés en icelle, finon en deux cas ; fçavoir eft, quand ils feront appellans de la torture, & l'autre, quand feront appellans de la mort, ou d'autre peine corporelle.

Ordonnances anciennes obfervées, contre les vagabons.

368. Et quant-aux vagabons & ceux qui autrefois auroient été repris de Juftice, feront obfervées nos anciennes Ordonnances & Edits.

Greffier ne baillera informations, &c. fans Ordonnance.

369. Que le Greffier n'ait à bailler à aucun Confeiller aucunes informations, commiffions, interrogatoire, ou aucune diftribution, finon qu'il foit ordonné par nofdits Prefidens ; & mettront au dos defdites informations le *tradita :* aufquels Prefidens défendons ne recevoir aucuns defdits Confeillers à faire raport defdites informations, finon qu'il apparoiffe par le *tradita,* icelles leur avoir efté diftribuées par la forme fufdite.

Confeiller recevant informations, mettra fon nom deffus.

370. Lequel Confeiller, quand lui feront baillées lefdites informations, fera tenu mettre fon nom fur le regiftre dudit Greffier ; afin que fi icelles informations eftoient adhirées, on puiffe fçavoir à qui s'en prendre.

Lettres d'eftat obtenues en la Chancellerie, comment y obeï.

371. Ne voulons qu'à Lettres de furceances & eftat, obtenuës en noftre Chancellerie, en matieres criminelles, foit obeï par les Jufticiers, noftres & autres en noftre-dit Pays ; & leur enjoignons, que nonobftant icelle, ils faffent juftice, punition & correction des crimes ainfi que au cas appartiendra, & fur peine d'amende arbitraire.

Des Appellations.

Appellations non rélevées après quarante jours, fera paffé outre.

372. Ordonnons, que fi les appellations faites & émifes de nos Baillifs, Sénéchaux, & autres Juges, leurs Lieutenans ou exécuteurs, qui de leur droit reffortiffent en noftredite Cour de Parlement, fans moyen, ne font relevées dedans le tems de quarante jours, qui eft le tems accoûtumé en noftre-dit païs de rélever & exécuter, lefdits Juges ou exécuteurs dont fera appellé, pourront mettre à exécution leurs Sentences, jugemens, appointemens & commiffions, nonobftant oppofitions quelconques, & fans qu'il foit befoin à la Partie de faire adjourner l'appellant en defertion d'appel.

Appellans n'ayans relevé dedans tems, en l'amende.

373. Néanmoins injoignons à noftre Procureur Général, qu'il faffe adjourner

l'appellant en notredite Cour, pour fe voir déclarer être encheu en l'amende de vingt livres envers Nous, pour l'appellation deferte.

Appellans, comment y pourront renoncer.

374. Quand aura été appellé d'aucun Juge, celui qui aura appellé, pourra, dedans dix jours, à compter du jour de l'interjection de fon appel, renoncer à fondit appel, duquel il fe défiftera pardevant le Juge de qui il auroit appellé, ou pardevant le Greffier de la Cour d'icelui Juge, lequel délai fera enregiftré és regiftres dudit Greffier.

Juges & Greffiers lairront perfonnes, pour les appels.

375. Seront lefdits Juges ou Greffiers tenus laifler fur le lieu, perfonnes aufquelles lefdites appellations feront délaiflées; afin que quand le Juge verra ledit délai, il puifle mettre ou faire mettre fa Sentence à exécution : & le femblable fera fait és renonciations des appellations interjettées des exécuteurs.

Frivolement appellans, en amende.

376. Les appellations interjettées des exécutions des Arrêts, feront dorénavant en notredite Cour de Parlement expediées & jugées. Et fi notredite Cour, en les jugeant, trouve qu'elles ont été frivolement interjettées pour retarder ladite exécution, & fans evident grief, les appellans, outre l'amende de vingt livres, feront punis d'amende arbitraire.

Relief d'appel d'un Juge commis par la Cour.

377. Voulons qu'en toutes caufes commifes par ladite Cour à un Juge inférieur, en première inftance pour aucunes caufes à ce la mouvans; s'il eft appellé de lui, l'appel fe pourra relever en ladite Cour, & non autrement. Et auffi en toutes contraintes, pour l'obfervance & entretenement des Arrêts donnés par notredite Cour, & pour l'infraction d'iceux notredite Cour en aura la connoiffance : auffi en toutes exécutions d'Arrêts, foient commifes à Confeillers, Huiffiers, Juges ordinaires ou autres, s'il en eft appellé, l'appel fera relevé en notredite Cour.

N'alleguer attentat, s'il n'a été fait.

378. Pourra notredite Cour de Parlement, s'il y a attentat contre aucune caufe d'appel relevée en icelle, en retenir la connoiffance; & défendons qu'aucun n'allegue avoir été fait attentat, fi veritablement il n'a été fait, & qu'il en montre promptement par information duement faite.

Partie, n'ayant informé fur attentat, en amende.

379. Et en cas que par information il n'en montre, voulons que le Procureur qui l'aura allegué foit condamné en l'amende, & pareillement la partie qui aura fait faire ajournement fur l'attentat; & fera la caufe renvoyée promptement pardevant le Juge, auquel de droit & de coutume la connoiffance en appartiendra, fans en faire difficulté, & encore la partie condamnée és dépens, dommages & interêts.

Appellations, renonçables dans quarante jours, ou defertes.

380. Pour ce qu'il y a plufieurs cas où l'on peut appeller & relever fans moyen en notredite Cour, comme ne matiere d'abus, exécution d'Arrêt, de tous Jugemens donnés par aucuns Confeillers n'étans en nombre, ou hors le tems de faire Cour, ou qu'ils fuffent feulement commis de nous, ou ladite Cour, de toutes exécutions, fignifications, ou autres chofes qui fe font par

Huiffier,

Huiſſiers, en abuſant, outre leur commiſſion, ou en donnant délay trop brief; les appellans feront tenus appeller *illico*, s'ils font preſens, ou leur Procureur, & relever & exécuter dedans quarante jours; autrement les appellations feront déclarées déſertes, en ce qu'ils n'auroient relevé & exécuté dedans led. temps.

Lettres de rélief, pour aucuns appellans.

381. Et s'ils n'avoient relevé & exploité dedans ledit temps, ne feront plus reçus, s'ils ne font de ce relevés par Lettres patentes, pour aucunes juſte cauſes; & audit cas tiendra ce dont aura été appellé, juſques à ce qu'ils ſoit connu ſi les cauſes dudit rélevement font vrayes.

Appellans (omiſſo medio) n'y feront reçus.

382 Appellans, *omiſſo medio*, ne feront reçus appellans; & fera la cauſe d'appel renvoyée, fans délay, pardevant le Juge qui fans moyen peut & doit connoître de ladite cauſe d'appel; & mettons au néant tout ce qui fera fait au contraire: Voulons toutefois que les gens tenans noſtredite Cour de Parlement, puiſſent telle cauſes d'appel retenir pardevers eux, s'ils voyent que la nature de la cauſe le requiere, de quoy en chargeons leurs conſciences.

Des Greffiers, des Juges, tant reſſortiſſans fans moyens, que autres inferieurs de ladite Cour.

Greffiers doivent être ſuffiſans.

383. Quand d'orefnavant feront baillez à fermé les Greffes des Cours de nos jurifdictions, voulons qu'aucuns n'y ſoit reçus à y mettre prix, comme dernier encheriſſeur, ne iceux exercer, s'il n'eſt trouvé idoine & ſuffiſant pour les exercer, bien renommé & expérimenté.

Juges les y mettront capables.

384. Et au cas qu'il ne fût trouvé tel, il payera la fole enchere, ou fera mis par les Officiers d'icelle Cour, homme ſuffiſant & idoine à exercer ledit Greffe, aux perils & fortunes dudit dernier encheriſſeur.

Commis au Greffe y exerceront en perſonne.

385. Lequel fera tenu exercer ledit Greffe en ſa perſonne, fans y pouvoir commettre autre, ſi n'eſtoit en cas d'urgente neceſſité; auquel cas il pourra commettre autre perſonne idoine & ſuffiſante, approuvée par l'autorité de la Cour où fera exercé ledit Greffe.

Avocats & Procureurs n'y auront part.

386. Defendons aux Avocats & Procureurs des Cours, n'eſtre Greffiers ne participans aux profits des fermes defd. Greffes, ſur peine d'eſtre privez de poſtuler, & d'amende arbitraire.

Regiſtres, actes & procedures mis aux Greffes.

387. Seront mis les regiſtres, actes & procedures des procez au lieu public du Greffe, pour y être gardez par le Greffier ſucceſſeur, auquel ils feront baillez par bon & loyal inventaire, pour en répondre, tant en Juſtice, qu'aux parties, quand, & à qui il appartiendra.

H.

Inventaire fait remis , payé au précédent Greffier.

388. Sera faite mention par ledit inventaire de ce qui pourroit être dû au précédent Greffier , ou' à fes héritiers , pour être tenu ledit Greffier fuccefſeur de recevoir ledit falaire avant que de bailler lefdits procès , pour ledit falaire être baillé par lui au prédécefſeur Greffier , ou à fes héritiers, autrement il fera tenu d'en répondre.

Greffiers & Commiſſaires ne prendront rien pour conſignations.

389. Ordonnons que les Greffiers ni autres Commiſſaires quelconques de quelque jurifdiction que ce foit , ne prendront aucun falaire pour les conſignations qui fe feront en leurs mains, s'il advenoit qu'il faille faire en Juftice quelque conſignation ou garnifon de main & dépôt.

Conſignations où miſes , avec conſentement.

390. Et feront les fommes conſignées miſes entre les mains de quelque bon Bourgeois du lieu , élu du confentement des parties , fi faire fe peut , finon demeureront és mains defdits Greffiers, lefquels Greffiers ne feront tenus finon comme fimples dépofitaires de la garde defdits deniers conſignés ou dépofés.

Greffiers des Juges ordinaires , comment produiront les procès.

391. Ordonnons que les Greffiers defdits Juges reſſortiſſans fans moyen , & autres ordinaires , incontinent que ils auront aucun procès en droit , & preſt à juger , feront tenus le plus diligemment que faire fe pourra , apporter lefdits procès par devers lefdits Juges ou leurs Lieutenans , & faire regiſtre du jour qu'il. les ont portés.

Incidens briévement vuidés.

392. Lefquels Juges feront tenus vuider les incidens le plus diligemment que faire fe pourra ; fur peine de fufpenfion ou privation de leurs Offices ; laquelle nous enjoignons leur être impofée par notredite Cour de Parlement , felon qu'ils trouveront lefdits Juges inférieurs avoir délinqué contre cette préfente Ordonnance.

Nul ne tiendra deux Offices incompatibles.

393. Défendons à tous de tenir deux Offices de Greffiers , & autres incompatibles : & fi derénavant font impetrés feconds , fans faire mention du premier , fera le premier vaquant ; & s'ils les tiennent par trois mois fans faire déclaration auquel ils fe veulent arrêter , ils feront vacans tous deux.

Pourveus de deux Offices , en éliront un dans trois mois.

394. Et fi aucuns ont été pourveus par ci-devant de deux Offices , feront tenus dedans trois mois après la publication des préfentes , opter & élire auquel des deux ils fe veulent arrêter , pour ce fait être pourveu à l'autre.

395. Autrement ledit tems paſſé , dès maintenant comme pour lors, déclarons lefdits Offices vaquans & impetrables , & fi aucuns en avoient eu de Nous ou de nos prédécefſeurs Roys , aucunes difpenfes , Nous les avons revoquées & revoquons.

Greffiers , quand pourront demander leur falaire.

396. Ne pourront lefdits Greffiers faire demande de leurs vacations & falaires d'auparavant un an ou deux , fans grande & évidente caufe & préfomption ; & fi de telles matieres queftions en adviennent , feront fommairement décidées , fans charges ou dépens aux parties.

Greffiers, en quelle forme recevront les enquêtes.

397. Défendons aufdits Greffiers ne recevoir les enquêtes des parties qu'elles ne foient fignées des Commiffaires & adjoints qui les auront faites, ou s'ils étoient décedés, par autres qui feront commis par les Juges, à figner au lieu defdits décedés, fur peine d'amende arbitraire, & des dommages & interêts que les parties pourront fouffrir à faute de ce.

Des Notaires Royaux.

Notaires interrogés avant leur reception.

398. Quand aucun fera pourveu d'Office de Notaire Royal Delphinal, avant qu'être reçû fera interrogé& examiné par nos Juges, aufquels l'addreffe des Lettres de provifion en fera faite, & avant que d'être examiné, fera faite fommaire inquifition *fuper vita & moribus*, & en fera debouté s'il n'étoit fuffifant & capable.

Inscriront leurs noms & surnoms, qu'ils ne changeront.

399. Seront les Notaires Royaux & Delphinaux, après ferment par eux prêté & leur reception, infcrits en la matricule du lieu de l'addreffe de leurs Lettres de provifion, où fera mis le jour de la reception de chacun qui fera tenu y mettre fon nom, furnom & feing manuel dont il entend s'aider, & le lieu d'où il eft, lefquels nom furnom dès icelui tems il ne pourra changer ne muer.

Limitation.

400. N'entendons toutefois, que les Notaires Royaux Delphinaux, établis & ordonnés en aucun lieux du pays de Dauphiné, ne puiffent recevoir contrats en tous les lieux & endroits dudit pays.

Notaires de Cour d'Eglise, ne recevront tous Contrats.

401. Avons declaré & declarons tous contrats & traités concernant héritages, rentes ou réalité qui feront reçûs par Notaires de Cour d'Eglife, nuls & de nulle valeur, en ce que concernera lefdits héritages, rentes ou réalité.

Notaires tiendront registres de leurs Contrats.

402. Tous Notaires & Tabellions de notredit pays de Dauphiné feront tenus faire fidélement regiftre & protocoles de tous les teftamens & contrats qu'ils paffe-ront, & recevront, & iceux garder diligemment pour y avoir recours quand il fera requis & néceffaire ; & iceux contrats & autres actes enregiftreront felon la priorité & poftériorité du tems.

Au registre n'y aura rien en blanc ni apostille au marge.

403. Quant-au regiftre & livre de protocole, il n'y aura rien en blanc, ains fera tout écrit & rempli, fans y faire apoftille en marge ni en tête ; ne interlinature, ains, fi faute y eft, elle fera reparée & remife à la fin de la note & au-deffous, avant que figner, & fera le fignet fi près de la lettre, qu'on n'y puiffe rien ajou-ter ; & s'il y a quelque peu de blanc qui demeure à la fin de la dernière ligne, il fera rayé d'une corde double, enforte qu'on n'y puiffe rien écrire.

Ne communiqueront leurs registres sinon aux Contrahans.

404. Défendons à tous Notaires & Tabellions, de ne montrer & communi-quer lefdits regiftres, livres & protocoles, fors aux contrahans, leurs héritiers

& fucceffeurs, ou autres aufquels de droit lefdits contrats appartiendroient notoirement, ou qu'il fût ainfi ordonné par Juftic.

405. Et que depuis qu'ils auront une fois délivré à chacune des parties la groffe des teftamens & contrats, ils ne la pourront plus bailler, finon qu'il foit ordonné par Juftice, parties oüies.

Ne recevront contrats ufuraires.

406. Interdifons & défendons à tous Notaires de ne recevoir contrats ufuraires, fur peine d'être privés de leurs états, & d'amende arbitraire.

Punir les ufuraires manifeftes.

407. Et pour encore mieux obvier, à ce qu'aucune ufures dorénavant ne fe commettent en notredit pays de Dauphiné, avons enjoint & enjoignons à tous nos Jufticiers & Officiers, fans diffimulation, & à toute diligence, fur peine de fufpenfion de leurs états & Offices, & d'amende arbitraire, chacun en fon diftroit & jurifdiction, s'enquerir de ceux qui commettent ufures manifeftes & par contrats feins & fimulés, & proceder contre les coupables, felon difpofition de droit, & l'exigence des cas.

Dénonciateurs auront le tiers de l'amende.

408. Et afin que chacun foit plus enclin de dénoncer ceux qui commettent ufures, Nous ordonnons, que ceux qui les dénonceront, auront la tierce partie des amendes qui en viendront & uftront : & auffi fi tels délateurs, par l'iffuë du procès étoient treuvés calomniateurs, feront punis comme de raifon, en fuivant les Ordonnances de feu notre très-cher Seigneur & beaupere le Roy Louis XII.

Notaires ne recevront contrats, ne connoiffans les perfonnes.

409. Ne recevront aucuns contrats, s'ils ne connoiffent les perfonnes, ou qu'ils ne foient certifiés & temoignés être ceux qui contractent ; fur peine de privation de leurs Offices : ne recevront auffi lefdits contrats fans témoins connus tant du Notaire que des contrahans.

Ne mettront és contrats finon ce qu'ils auront oüi des parties.

410. Et ne mettront aucunes chofes aux inftrumens & contrats outre ce qu'ils auront oüi & entendu des parties, & qu'il n'ait été dit, proferé & déclaré en préfence defdites parties & des témoins, fans ufer de fuperfluité & multiplication, ni de termes finonimes, fur peine d'amende arbitraire.

Contrats lûs aux parties, avant qu'être fignés.

411. Iceux contrats & inftrumens paffés & écrits, les liront au long, en la préfence des parties, avant que ils les fignent ne baillent.

Obferver l'Edit contre les faux Notaires & Témoins.

412. Quant-à la puninion & correction des faux Notaires, Tabellions, & témoins, l'Edit par nous fait fur lefdits faux Notaires, Tabellions, & témoins, fera obfervé & gardé felon fa forme & teneur.

Reçûs à alleguer fauffeté, infcrits & mis au Greffe.

413. Ne feront dorénavant, aucuns reçûs à alleguer fauffeté, s'ils ne maintiennent aux actes de la Cour & aux Greffes, en perfonne ou par Procureur fpécialement à ce fondé, la pièce produite, fauffe; & en ce faifant s'infcriront & bailleront leurs moyens de fauffeté, dedans trois jours, lefquels feront mis au Greffe, avec la pièce qu'on maintient de faux, croifée, & communiquée à nos Avocat

& Procureur, qui pourront requerir, avec la partie, iceux être reçûs; sans toutefois, les communiquer à la partie contre laquelle ils feront baillés.

Moyens de faux, mis par devers le Juge.

414. Et après, feront mis és mains du Juge, pour être jugés s'ils font admissibles ou non; & s'ils font admissibles, l'accusateur fera reçû à informer fur le contenu, par information fecrette, non communiquée fans appeller partie à voir jurer témoins; laquelle faite, fera rapportée par devers ladite Cour ou Juge.

Coupables des moyens de faux, ajournés en perfonne, &c.

415. Si les faits contenus efdits moyens, femblent prouvés & verifiés, ou aucuns d'iceux, à fuffifance, les Notaires, la Partie, & autres coulpables de la fauffeté, feront ajournés à comparoir en perfonne, ou pris au corps, comme on trouvera la matière difpofée.

Proceder extraordinairement contre fauffaires.

416. S'ils comparent, feront enquis, examinés & interrogés; & fera procedé extraordinairement, & le procès parfait : & où par ledit procès extraordinaire ladite fauffeté ne pourroit être terminée, feront les parties appointées contraires & en procès ordinaire.

Punir les faux accufateurs.

417. Et où les accufateurs, en matière de fauffeté, feront trouvés en notoire, éminente & évidente calomnie, ils feront punis de la peine de la Loy. Et où ladite calomnie fera douteufe, conjecturable, ou de fimple prefomption fera arbitraire.

Des Sergens.

Nul reçû en Sergent, s'il n'eft pur lay.

418. Ne fera aucun reçû à Office de Sergent, s'il n'eft pur lay, ou marié, non portant tonfure, ou portant continuellement habit rayé & parti.

Doit fçavoir lire & écrire.

419. Auffi ne fera reçû audit Office, s'il ne fçait lire & écrire : & enjoignons à iceux Sergens, qu'ils fignent de leurs feings manuels toutes les rélations des exploits qu'ils feront.

Ajournemens & exploits, comment faits.

420. Tous ajournemens & autres exploits feront faits à perfonne ou à domicile, en préfence de Records & de témoins, fçavoir eft, d'un témoin aux fimples exploits; & aux autres d'importance, de deux témoins, qui feront infcrits au rapport & exploits du Sergent ou Huiffier; fur peine de dix livres parifis d'amende, contre ceux qui feront trouvés en faute.

Laifferont coppie de leurs exploits.

421. Que de toutes commiffions & ajournemens feront tenus les Sergens laiffer la copie, avec l'exploit, aux ajournés, ou à leurs gens & ferviteurs, ou les attacher à la porte de leurs domiciles, encore qu'ils ne fuffent point demandés; & en faite mention par l'exploit, & ce aux dépens des demandeurs & pourfuivans, & fauf de les recouvrer enfin de caufe.

Payés de leurs journées par le créancier.

422. Se feront lefdits Sergens payer & contenter de leurs journées par le créancier & fermier impetrant de la clameur.

Pour plusieurs exécutions en un jour, quel salaire.

423. Le Sergent, de plusieurs exécutions par lui faites en un jour, ne pourra prendre salaire que pour un jour, à peine de privation d'office : aussi ne pourra prendre aucune chose des débiteurs ou autres ajournés & exécutés, sur même peine ; ains s'adressera pour son salaire, au créancier ou autre poursuivant.

Résideront és lieux où ils sont établis.

424. Seront tenus les Sergens faire demeurance & résidence és lieux où ils seront établis : & s'il y ait trouvé qu'il y ait aucun demeurant hors du lieu, lui sera commandé, que dedans un mois il ait à y aller, & soi retirer ; autrement, le mois passé, en sera pourveu d'autre en sa place ; ainsi que l'office étoit vaquant par mort.

Forme de leurs exécutions.

425. Quand dorénavant, aucun Sergent voudra entrer en un hôtel, pour faire exécution, il sera tenu appeller des voisins, pour voir faire ladite exécution & faire inventaire des biens qu'il prendra, avant que de déplacer, & baillera le double d'icelui inventaire à la Partie, si avoir le veut ; & sera tenu mettre iceux biens au plus prochain lieu sûr de l'hôtel où sera faire ladite exécution, sur peine de soixante sols d'amende.

Bailleront sans délai, le double de leurs exploits.

426. Sera ledit Sergent tenu bailler, incontinant & sans délai, la relation des exécutions & autres exploits par lui faits, aux Parties ; sur peine de soixante sols d'amende, & de payer les dépens, dommages & interêts d'icelles Parties, en lui payant raisonnablement son salaire.

Ne seront priseurs de biens.

427. Ne seront lesdits Sergens priseurs des biens, & ne s'entremêleront de faire appreciations de biens arrêtés & pris par exécution.

Commandement de payer.

428. Déclarons, qu'és exécutions où il y a commandement de payer, ne sera besoin, la validité de l'exploit des criées ou autre saisie & main-mise de personne ou de biens, faire perquisition de biens meubles, mais suffira dudit commandement, duement fait personne ou à domicile.

Des Concierges Géoliers des Prisons.

Géoliers feront registre des Prisonniers.

429. Sera le Géolier ou garde des chartres & Prisons, tenu faire un grand registre, de grand volume de papier, dont chacun feuillet sera plié par le milieu, où d'un côté seront, de jour, en jour écrits les noms ; surnoms, états & demeurances des Prisonniers qui seront amenés en ladite chartre, par qui ils seront amenés, pourquoi, à la requête de qui, & de quelle Ordonnance.

Limitation.

430. Si c'est pour dettes, & qu'il y ait obligation sous scel Royal, la date de l'obligation & le domicile du créancier y seront semblablement enregistrés, avec tout ce qui sera trouvé sur les prisonniers criminels, soit or, argent, ou

autre chofe, pour être gardé & obfervé à ceux qu'il appartiendra.

Ne relâcher les Prifonniers, fans écrous du Greffier.

431. De l'autre côté de la marge dudit feuillet, fera enregiftré l'écrou & élargiffement & décharge defdits prifonniers, telle qu'elle fera baillée & envoyée par le Greffier fur regiftre dudit emprifonnement ; fans qu'il puiffe mettre dehors quelque prifonnier, foit à tort ou à droit, qu'il n'ait ledit écrou dudit Greffier, fur peine de l'amende envers Nous, & d'être contraint de rendre ledit prifonnier, ou fatisfaire pour lui.

Géolier ne fouffrira parler avec les criminels.

432. Et quand lefdits prifonniers criminels feront menés en prifon, fera tenu le Géolier les mettre en prifon fermée ; de telle maniere que nul ne parle à eux, jufques à ce que par le Juge en ait été autrement ordonné ; fur peine de privation & d'amende arbitraire.

433. Ne laiffera le Géolier ou autre des fiens, parler perfonner aux prifonniers criminels, fi ce n'eft par Ordonnance du Juge qui les auroit fait conftituer prifonniers.

N'en recevra aucune chofe, ni de leurs parens, pour ce fait.

434. Défendons aux Géoliers & à leurs gens, n'exiger ni recevoir or ou argent, ou autre chofe quelconque, d'aucuns prifonniers, ni de leurs amis, pour parler ou faire parler à iceux prifonniers, en quelque part ou forte que ce foit, fur la peine que deffus.

Criminels n'auront encre ni papier és prifons.

435. Et n'aura aucun prifonnier, encre, écritoire, ne papier ; & fera tenu le Géolier y prendre garde : & ne fera le prifonnier criminel écrire aucunes lettres fans congé du Juge, à qui elle fera montrée.

Pour ceux qui auroient baillé ferremens aux prifonniers.

436. S'il avient, qu'à aucuns prifonniers foit baillé aucun ferrement par la porte, ou autrement, moyennant lequel il aura fait quelque rupture ou démolition, celui qui aura baillé ledit ferrement, fera tenu tout autant que s'il avoit rompu les prifons & ôté le prifonnier des mains de la Juftice.

Nul reçû à Géolier, s'il n'eft pur lay.

437. Ne pourra aucun être reçu à l'office de Géolier, s'il n'eft pur lay ou marié, portant ordinairement habit rayé ou parti ; & foit fans tonfure.

Ne remuer les prifonniers, fans congé.

438. Ne pourra le Géolier, par foi ne par fes gens, changer ne muer lefdits prifonniers d'une prifon en l'autre, quand il lui fera commandé par le Juge : mais fi lefdits prifonniers tombent en maladie, ou qu'il y ait autre caufe raifonnable, le Géolier en avertira le Juge, qui entenduë la verité, en ordonnera comme de raifon.

D'obferver les Ordonnances des prédeceffeurs Rois.

439. Voulons en outre, & ordonnons, que nos Ordonnances générales, données à Villiers-Cofterez, au mois d'Août dernier, & toutes les autres Ordonnances de nos prédeceffeurs Rois & de Nous, tant pour la décifion que procedure & inftruction de procès, foient gardées & obfervées en notredit pays de Dauphiné, Comté de Valentinois & Dyois, de point en point felon leur forme & teneur, comme en notre Royaume, en ce, toutefois, qui ne feroit trouvé dérogeant ne préjudiciable aux articles contenus ci-deffus.

Si donnons en mandement, par cesdites Présentes, à nos Amés & Féaux, les Gens tenans notre Cour de Parlement de Dauphiné, Baillif de Viennois & des Montagnes, Sénéchal de Valentinois, nos Justiciers & Officiers, & tous autres qu'il appartiendra, que nosdites présentes Ordonnances ils fassent lire, publier & enregistrer, icelles gardent, entretiennent & observent, fassent garder, entretenir & observer de point en point selon leur forme & teneur, sans faire ne souffrir être fait aucune chose au contraire. Car tel est notre plaisir.

Donné à Abbeville, le 23. jour de Février, l'an de grace mil cinq cent trente-neuf; & de notre Regne le 26. Ainsi signé. FRANÇOIS : à côté *Visa*; Et plus bas, Par le Roy Dauphin. BRETON, & scellées du grand Séau en cire verte sur lacs de soye rouge & vert.

LEUES, publiées & regiſtrées, oüi ſur ce & requerant le Procureur Général du Roy. A Grenoble en Parlement le neufviéme jour d'Avril l'an mil cinq cent quarante. Signé, CHAPUYS.

Extrait des Regiſtres de la Cour de Parlement de Dauphiné : Par moy Conſeiller Secretaire du Roy, & Greffier civil en icelle, ſouſſigné.

TABLE DES MATIERES
contenuës aux préſentes Ordonnances.

FIN.

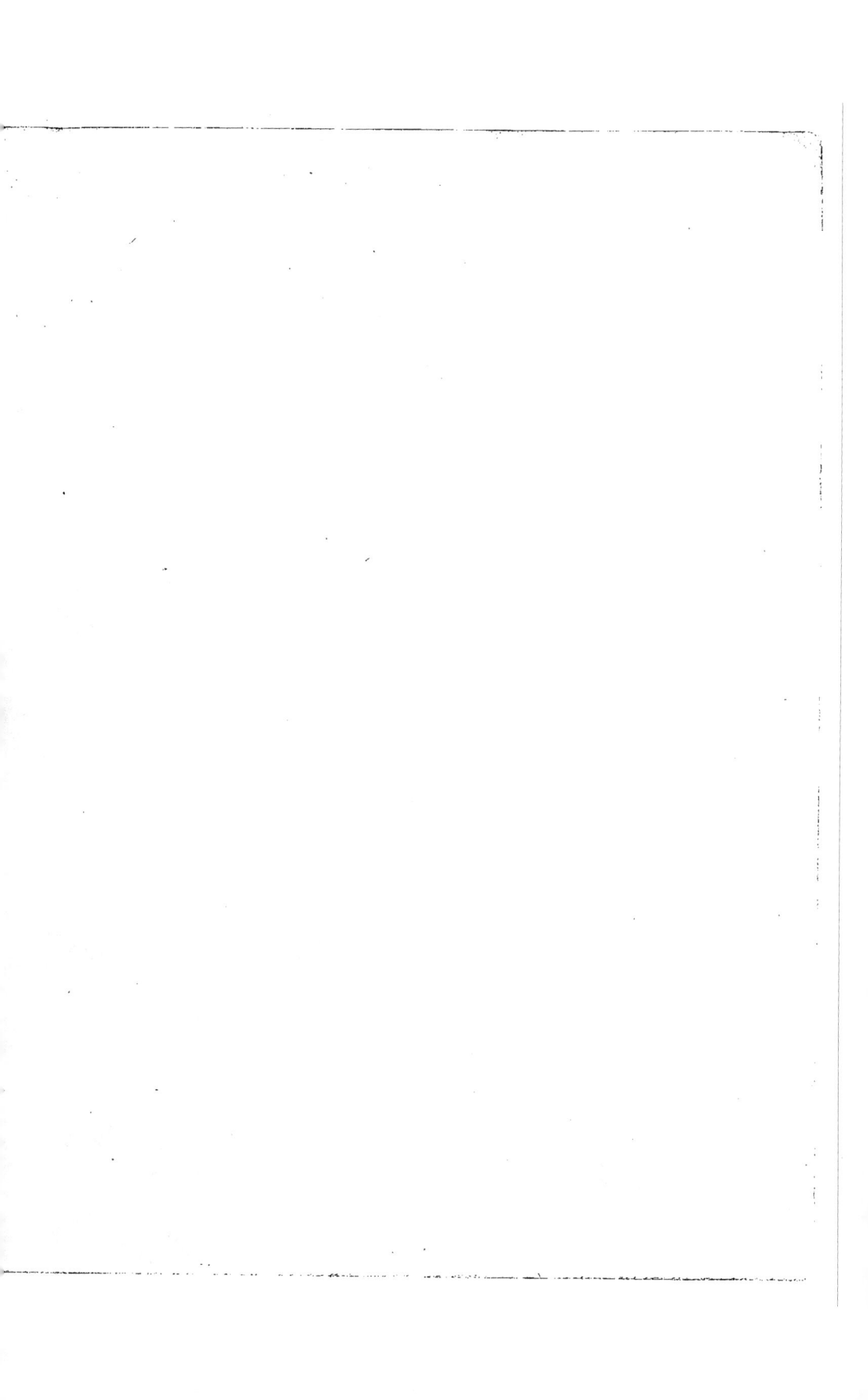